Schnittpunkt

Mathematik für die Berufsfachschule

Arbeitsheft Grundlagen 2

herausgegeben von Matthias Janssen

erarbeitet von Ilona Bernhard, Petra Hillebrand, Matthias Janssen, Wiebke Janzen, Klaus-Peter Jungmann, Karen Kaps, Joachim Krick, Michaela Ruckh, Tanja Sawatzki, Emilie Scholl-Molter, Uwe Schumacher, Colette Simon

Ernst Klett Verlag
Stuttgart · Leipzig

So arbeiten Sie mit Ihrem Arbeitsheft Grundlagen 2:
Das Arbeitsheft bietet Ihnen viele verschiedene Aufgaben, damit Sie zentrale Themen üben und sichern können. Abgeschlossen wird das Heft mit den Seiten „Üben und Wiederholen", die alle Themenbereiche umfassen. Tipps bei schwierigen Aufgaben helfen Ihnen, einen Lösungsansatz zu finden.

Lösungen und Selbstkontrolle: Zu allen Aufgaben finden Sie Rechenwege und Tipps zum Bearbeiten der Aufgabe im Lösungsteil. Mit diesen Lösungen ist eine Selbstkontrolle einfach und schnell möglich.
Wir wünschen Ihnen viel Erfolg beim Lösen der Aufgaben.

Ihr Autorenteam und die Mathematik-Redaktion

1 Bei der Umfrage in einer Schule wurden die Schüler und Schülerinnen nach ihrer Zufriedenheit mit der Cafeteria befragt.

	sehr zufrieden	zufrieden	überwiegend zufrieden	nicht zufrieden	enttäuscht	Summe
absolute Häufigkeit	120	216	264	242	158	
relative Häufigkeit	$\frac{120}{} = 0{,}12$					
relative Häufigkeit in %	12 %					

a) Schreiben Sie die relativen Häufigkeiten als Bruch und Dezimalzahl auf. Tragen Sie sie in die Tabelle ein.

b) Nicht zufrieden oder sogar enttäuscht waren _____ % der Befragten.

c) $\frac{5}{8}$ dieser unzufriedenen und enttäuschten Befragten waren Schülerinnen, nämlich _____ Frauen.

2 In einer Befragung mit _____ Kindern wurden diese nach ihrem Lieblingsessen befragt. Es war jeweils nur eine Nennung pro Person möglich. Erstellen Sie das passende Kreisdiagramm zu der Tabelle. Berechnen Sie die relativen Häufigkeiten. Tragen Sie sie in die entsprechenden Kreisfelder ein. Benutzen Sie mehrere Farben.

Pommes frites	Spaghetti	Eis	Schokopudding	Pizza	andere	insgesamt
110	100	60	70	40	20	

3 Ein Autohersteller hat an 30 Tagen im April die folgenden Stückzahlen an Autos produziert.

151	153	149	150	148	150	148	149	149	152	148	151	152	148	151
151	149	149	149	151	150	149	151	148	152	149	151	150	151	149

a) Bestimmen Sie die relativen Häufigkeiten und die absoluten Häufigkeiten.

Anzahl der Autos	148	149	150	151	152	153
absolute Häufigkeit						
relative Häufigkeit						

b) Es wurden mindestens _____ und höchstens _____ Autos pro Tag gefertigt.

c) Die Spannweite beträgt _____ ,

der Zentralwert _____ Autos.

d) Hat das Werk die vorgegebene Norm von durchschnittlich 150 Autos pro Tag erreicht?

_____

1 In der Agrarwirtschaftsklasse wurde eine Umfrage zu den Lieblingsfarben durchgeführt. In der Liste können Sie sehen, welche Farbe die meisten Stimmen erhalten hat.

a) Lesen Sie die in dem Balkendiagramm unten eingetragenen Werte ab. Tragen Sie sie in die Tabelle ein.

	Orange	Blau	Rot	Schwarz	Gelb	Grün	Sonstige	Anzahl aller Stimmen
Anzahl	2		4		3		6	30

b) Vervollständigen Sie das Balkendiagramm anhand der in der Tabelle eingetragenen Werte.

c) Stellen Sie die Lieblingsfarben der Schülerinnen und Schüler in einem Kreisdiagramm dar.

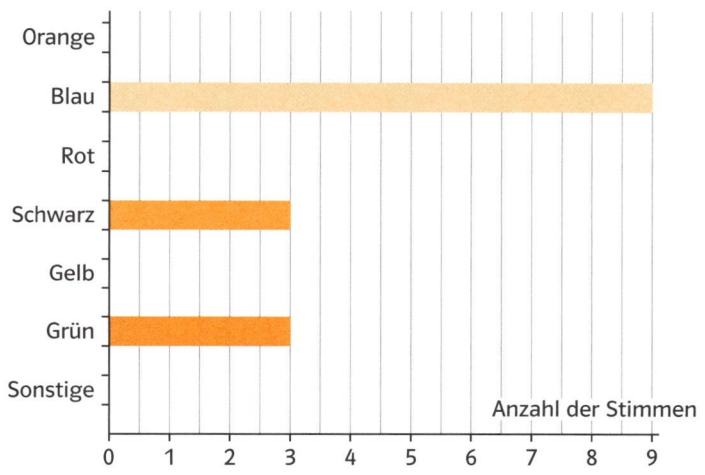

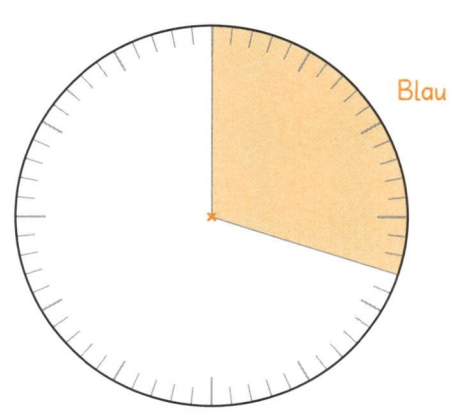

2 Bei einem Turnier wird eine Übersicht über die Gewichte der Kinder (11 bis 13 Jahre alt) angelegt.

Gewichts-klasse	Körper-gewicht in kg	Anzahl	Prozentsatz	Winkel
A	bis 33	5	$\frac{5}{200} = 2{,}5\%$	$3{,}6° \cdot 2{,}5 = 9°$
B	bis 36	10		
C	bis 40	30		
D	bis 44	50		
E	bis 48	40		
F	bis 52	35		
G	bis 57	20		
H	über 57	10		

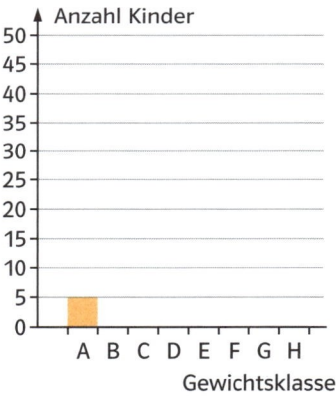

a) Stellen Sie die Anzahl der Kinder in den Gewichtsklassen A bis H in einem Säulendiagramm dar.

b) Die Verteilung der Kinder auf Gewichtsklassen lässt sich in einem Kreisdiagramm darstellen. Beim Zeichnen von Kreisdiagrammen muss man vieles berücksichtigen. Ergänzen Sie die Aussagen.

Die Summe der Prozentsätze im Kreisdiagramm muss _____ betragen.

Zu gleichen Prozentsätzen zeichnet man immer _____ Winkel.

Für 25 % zeichnet man einen Winkel von _____, für 10 % einen Winkel

von _____ und für 1 % einen Winkel von _____.

c) Berechnen Sie in der Tabelle die Winkel zu den Anzahlen. Schreiben Sie die passenden Buchstaben in die Sektoren des Kreisdiagramms.

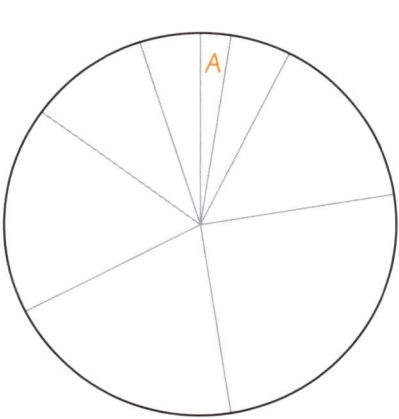

1 In einem Hotel sollen die Gäste in einem Fragebogen eine Rückmeldung über ihre Zufriedenheit geben. Die Anzahl der Antworten in den einzelnen Bereichen können Sie der Grafik entnehmen.

a) Tragen Sie die abgelesenen Werte in die Tabelle ein.

b) Umkreisen Sie jeweils den Zentralwert.

	++	+	◯	–	– –
Größe der Zimmer					
Zimmerservice					
Qualität des Essens					
Service im Restaurant					
Rezeptionsservice					

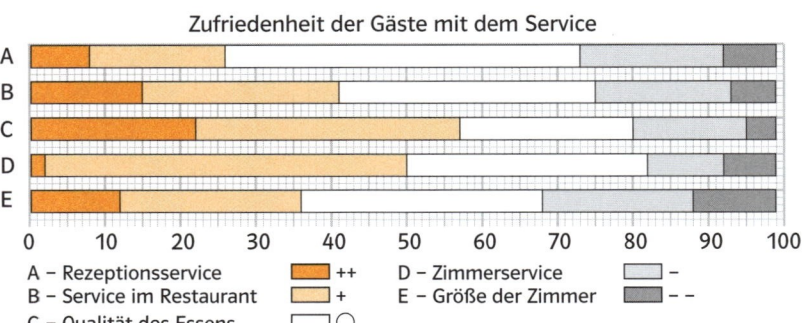

Zufriedenheit der Gäste mit dem Service

A – Rezeptionsservice ++ D – Zimmerservice –
B – Service im Restaurant + E – Größe der Zimmer – –
C – Qualität des Essens ◯

2 In der Technikerklasse haben die Schülerinnen und Schüler die Anzahl der Stunden ermittelt, die sie in der Woche im Internet verbringen. Im Folgenden sehen Sie die Rangliste.

4; 8; 8; 10; 10; 10; 12; 13; 14; 14; 14; 15; 21; 22; 23; 24; 24; 28; 30; 32; 32

a) Minimum: _____ Spannweite: _____ Maximum: _____

Zentralwert: _____ arithmetisches Mittel: _____

b) Peter hat seine eigene Methode gefunden, damit er nicht alle Werte in den Taschenrechner eingeben muss. Vervollständigen Sie seinen Term zum Berechnen des arithmetischen Mittels.

$(4 \cdot 1 + 8 \cdot 2 +$ _____ $) : 21$

3

a) Wie viel hat der Vater für sein Hobby ausgegeben? _____

b) Wie lautet der Zentralwert? _____

c) Welchen Wert würden Sie betrachten, um die Aussage des Vaters zu entkräften? _____

4 Die sieben Freunde Theo, Ayse, Britta, Sibylle, Sarah, Anna und Mohammed erhalten zusammen 98 € Taschengeld im Monat, siehe Diagramm. Allerdings fehlt der Balken für Ayse.

a) Zeichnen Sie Ayses Balken in das Diagramm ein.

b) Wie viel Taschengeld bekommen die Freunde im

Durchschnitt? _____ €

c) Wie groß ist der Abstand zwischen dem Zentral-

wert und dem Durchschnitt? _____ €

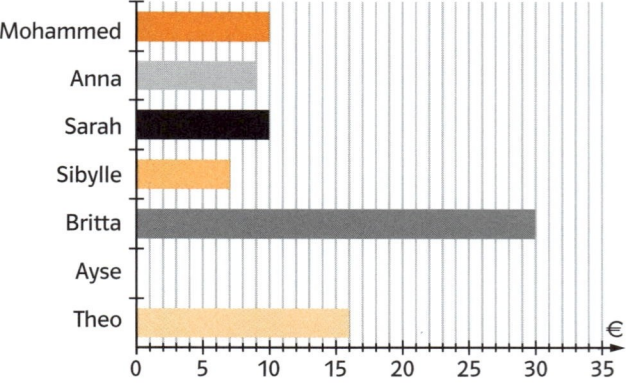

1 Bei einer Untersuchung wurden Frauen und Männer befragt: „Wie viele Stunden pro Woche treiben Sie Sport?" Unten sehen Sie die ermittelten Ranglisten.

Frauen	0	0	1	1	1	2	2	2	3	3	3	3	3	4	4	4	5	5	5	7	9	
Männer	0	0	1	1	2	3	3	3	3	4	4	5	5	5	6	6	6	7	7	9	10	12

a) Insgesamt wurden ____ Frauen und ____ Männer befragt.

b) Teilen Sie die beiden Ranglisten farbig in Quartile ein. Ergänzen Sie dann die folgende Tabelle.

	Minimum	unteres Quartil	Zentralwert	oberes Quartil	Maximum
Frauen					
Männer					

c) Stellen Sie jeweils den Boxplot für die Frauen und die Männer dar.

Frauen

Männer

2 Peter hat sich notiert, wie viele Kilometer er im Monat mit dem Rad unterwegs war.

Monat	1	2	3	4	5	6	7	8	9	10	11	12	Summe
Kilometer	60	100	80	180	220	260	280	240	300	120	80	80	

a) Berechnen Sie die Summe. Umkreisen Sie Minimum und Maximum.

b) Die Kilometerangaben belegen in der Rangliste die Plätze 1 bis _____.

Zur Berechnung des unteren Quartils multipliziert man _____ mit $\frac{1}{4}$ und

erhält _____. Deshalb muss man das arithmetische Mittel aus Rangplatz 3 und 4 bilden: _____.

c) Bei der Bestimmung des Zentralwerts multipliziert man _____ mit $\frac{2}{4} \left(= \frac{1}{2} \right)$ und erhält _____.

Das zu bildende arithmetische Mittel ist _____.

d) Das obere Quartil erhält man, indem man _____

mit $\frac{3}{4}$ multipliziert: _____. Hier lautet der gesuchte

Wert _____.

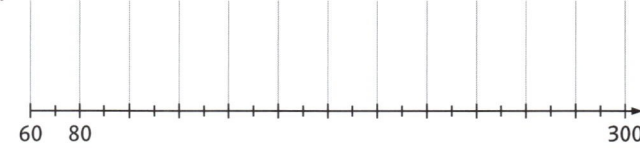

e) Zeichnen Sie den Boxplot und markieren Sie die Spannweite der Daten.

3 Für die automatische Verpackung von Druckerpapier testet eine Firma zwei Maschinen. Beide Maschinen sollen 500 Blatt pro Paket verpacken. Stellen Sie das Testergebnis in zwei Boxplots dar. Welche Maschine sollte gekauft werden? Begründen Sie.

Blätter pro Paket	494	495	496	497	498	499	500	501	502	503	504	505	506
Anzahl Pakete Maschine A	19	33	50	29	16	14	15	11	3	3	3	2	2
Anzahl Pakete Maschine B	2	5	7	11	13	36	55	33	15	11	6	4	2

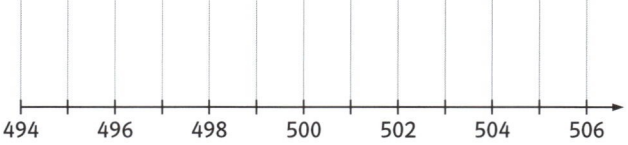

4 Schülerinnen und Schüler wurden gefragt, wie viele Stunden pro Monat sie am Computer spielen.

56	52	48	44	40	36	24	68	16	12
20	24	23	19	18	17	4	9	8	7
3	2	10	13	15	8	12	9	2	0
1	3	4	2	1	0	7	4	5	6

a) Erstellen Sie die sortierte Liste (Rangliste).

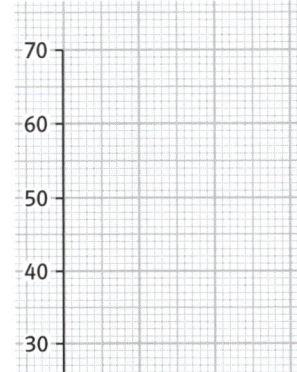

b) Bestimmen Sie die Kenngrößen der Liste.

Minimum	Maximum	Spannweite	unteres Quartil	oberes Quartil	Zentralwert

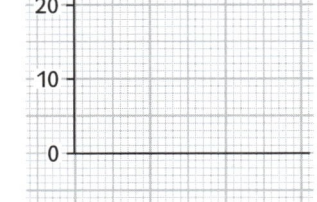

c) Zeichnen Sie den Boxplot.

d) Kreuzen Sie die Aussagen an, die auf die Daten zutreffen.
☐ Von den Befragten spielen mindestens 25 % nicht mehr als vier Stunden im Monat am Computer.
☐ Mindestens 50 % der Befragten spielen höchstens 9,5 Stunden pro Monat Computerspiele.
☐ Die Daten im unteren Bereich liegen weiter auseinander als im oberen Bereich.
☐ 30 % aller Befragten spielen mehr als 20 Stunden Computerspiele im Monat.
☐ 15 % aller Befragten spielen mehr als 36 Stunden im Monat am Computer.

5 Ergänzen Sie die Tabelle. Beim Zeichnen der Boxplots sind einige Fehler passiert.
Zeichnen Sie den richtigen Boxplot über den fehlerhaften.

	Zentralwert	oberes Quartil	Maximum	Minimum	unteres Quartil	Quartilabstand	Spannweite
a)	31		42	12	21	14	
b)	17	20	32	5		4	
c)	19	20	40		16		40
d)	9	13		1		10	19

a)

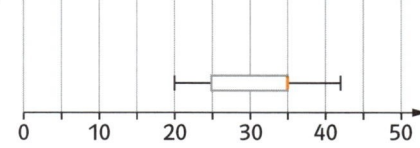

b)

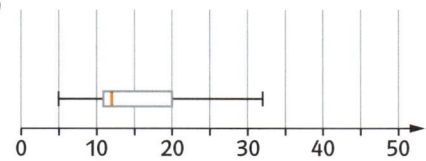

c)

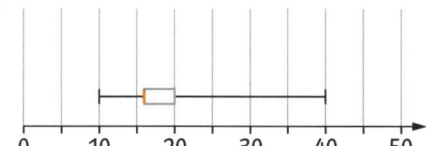

d)

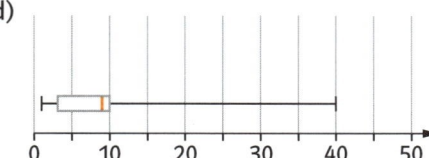

1 Geben Sie jeweils die Wahrscheinlichkeiten mithilfe eines Bruches an. Wie groß ist die Wahrscheinlichkeit,

a) von drei Birnen die Birne mit dem Wurm zu erwischen? _____

b) mit einem 6-seitigen Würfel eine Drei zu würfeln? _____

c) bei einer Münze die Zahl oben zu sehen? _____

d) eine 2 als letzte Ziffer der Telefonnummer zu haben? _____

2 In einem Gefäß befinden sich zwölf Kugeln. Die Hälfte der Kugeln ist gelb. Außerdem sind noch weiße und rote Kugeln enthalten. Es sind zwei rote Kugeln mehr als weiße Kugeln.

a) Färben Sie die Kugeln entsprechend ein.

b) Die Wahrscheinlichkeit, eine rote Kugel zu ziehen, nachdem bereits

eine rote Kugel gezogen worden ist, beträgt _____ .

c) Es wurden bereits alle weißen und eine rote Kugeln gezogen.

Wie groß ist die Wahrscheinlichkeit, beim nächsten Zug eine andere

rote Kugel zu ziehen? _____ .

3 Füllen Sie die Tabelle aus.

Bestimmen Sie die Wahrscheinlichkeit,	Bruch	Dezimalzahl	Prozent
a) mit einem Würfel eine Eins zu würfeln.			
b) mit einem 20-seitigen Würfel eine Drei zu würfeln.			
c) aus sieben Überraschungseiern die Spielfigur zu ziehen.			
d) dass Ihre Mathematiklehrerin an einem Dienstag geboren wurde.			
e)	$\frac{1}{2}$		

4 a) Die Wahrscheinlichkeit, einen Hauptgewinn zu erzielen, beträgt _____ .

b) Die Wahrscheinlichkeit, einen Trostpreis zu erzielen, ist _____ .

c) Die Wahrscheinlichkeit für eine Niete ist _____ .

d) Wenn Silvia das Rad 500-mal dreht, kann sie etwa _____-mal einen Hauptgewinn

erwarten, etwa _____ -mal einen Trostpreis und etwa _____ -mal eine Niete.

Das Glücksrad
Hauptpreis bei Orange,
Trostpreis bei Grau,
sonst leider verloren.

5 Freddy zieht 50-mal blind eine der 20 Kugeln aus dem Behälter. Dabei legt er jede gezogene Kugel vor dem nächsten Zug in den Behälter zurück.

a) Die Wahrscheinlichkeit dafür, bei einem Zug eine orange Kugel zu erwischen,

beträgt _____ .

b) Bei 50 Ziehungen wird er etwa _____ -mal eine orange Kugel, _____ -mal

eine graue und _____ -mal eine weiße Kugel ziehen.

1 a) Welche der folgenden Geräte sind Zufallsgeräte? Kreuzen Sie sie an.

A   B   C   D   E

☐ Würfel   ☐ Spielstein   ☐ Münze   ☐ Kilometerzähler   ☐ Wecker

b) Bei _____ und _____ sind die Ergebnisse alle gleich wahrscheinlich.

2 Die Hälfte der Kugeln in dem Gefäß ist grün. Außerdem sind noch weiße und rote Kugeln enthalten. Es sind zwei rote Kugeln mehr als weiße Kugeln.

a) Färben Sie die Kugeln in den entsprechenden Farben.

b) Ergänzen Sie das Baumdiagramm.

c) Geben Sie die Wahrscheinlichkeit für jeden Pfad an, als Bruch und in Prozent.

$\frac{1}{2}$

Grün _____ _____

% _____ _____

3 Hier sehen Sie ein Glücksrad. Hanno gewinnt, wenn eine kleinere Zahl als 4 kommt, Jörg gewinnt bei den anderen Zahlen.

a) Ergänzen Sie das Baumdiagramm.

b) Färben Sie Hannos Gewinnfelder und Gewinnpfade rot.

c) _____ hat die besseren Gewinnchancen.

Die Wahrscheinlichkeit beträgt für ihn _____ .

d) Die Wahrscheinlichkeit für einen Gewinn von

_____ beträgt _____ .

4 Zeichnen Sie in das Gefäß drei schwarze, fünf weiße und zwölf orange Kugeln. Geben Sie jeweils die Wahrscheinlichkeit als Bruch und in Prozent an.

Wahrscheinlichkeit,	mögliche Ergebnisse	günstige Ergebnisse	Wahrschein-lichkeit
a) eine weiße Kugel zu ziehen.			
b) eine schwarze oder orange Kugel zu ziehen.			
c) eine schwarze Kugel zu ziehen, nachdem schon zwei schwarze Kugeln gezogen worden sind.			
d) eine weiße Kugel zu ziehen, nachdem schon alle anderen weißen Kugeln gezogen worden sind.			

5 Geben Sie die Wahrscheinlichkeit des Ereignisses in Prozent an.

a) P(Orange) = _____

b) P(gerade Zahl) = _____

c) P(Zahl kleiner 7) = _____

d) P(Grau oder Weiß) = _____

e) P(Buchstabe) = _____

f) P(Zahl teilbar durch 5) = _____

g) P(nicht 3) = _____

h) P(Grün) = _____

1 Das Glücksrad wird zweimal gedreht.

a) Füllen Sie die Lücken im Baumdiagramm.

b) Berechnen Sie die Wahrscheinlichkeiten für alle Pfade.

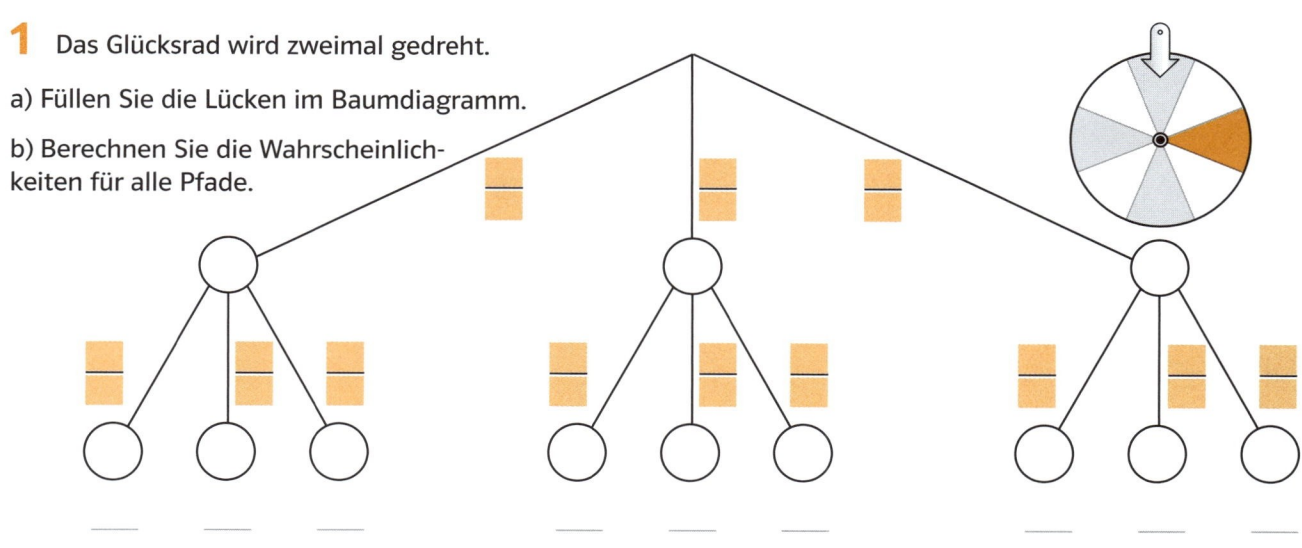

c) Bestimme P (Weiß, Weiß) = _____ ; P (Grau, Grau) = _____ und P (Orange, Orange) = _____ .

2 Der Würfel mit dem abgebildeten Netz wird zweimal geworfen.

a) Zeichnen Sie das Baumdiagramm weiter.

b) Wie groß ist die Wahrscheinlichkeit dafür, — zweimal Orange zu würfeln? _____

 — zweimal Weiß zu würfeln? _____ — Grau beim zweiten Mal zu würfeln? _____

3 Ein Losverkäufer verteilt seine Lose auf drei Lostrommeln A, B und C (vgl. Abbildung).
Steffi wählt zunächst eine Lostrommel aus und zieht dann ein Los. Ergänzen Sie das Baumdiagramm.

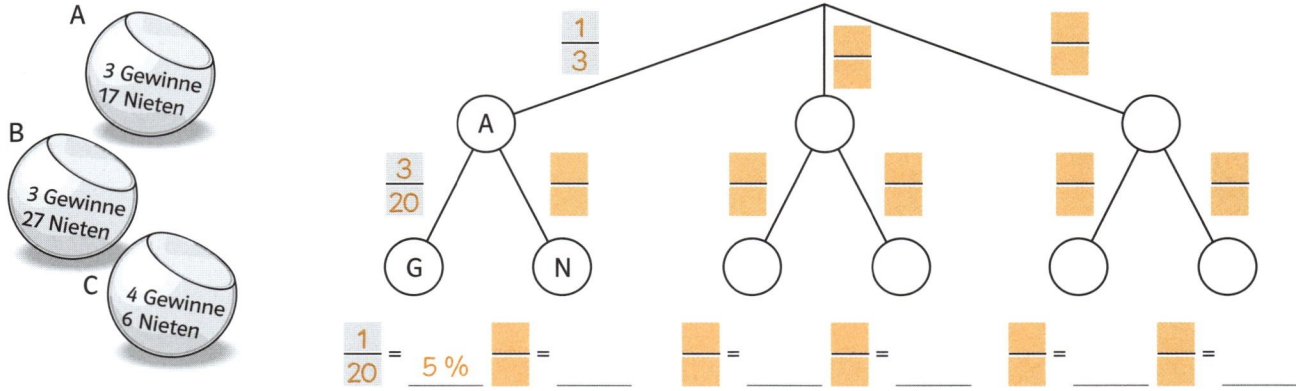

a) Bei welcher Lostrommel ist die Wahrscheinlichkeit zu gewinnen am größten? _____

b) Vor dem Ziehen eines Loses werden alle Lose zusammengeschüttet.
Die Gewinnwahrscheinlichkeit bei diesem einstufigen Zufallsversuch beträgt _____ .

4 Aus den abgebildeten Karten zieht Carola eine Karte. Die Karte wird zu den anderen zurückgelegt und neu gemischt. Dann zieht Carola eine zweite Karte.

a) Berechnen Sie die Wahrscheinlichkeit, als erste Karte

– die Herz 8 zu ziehen. P(Herz 8) = _____

– eine Bildkarte zu ziehen. P(Bildkarte) = _____

b) Geben Sie für beide Züge die Wahrscheinlichkeit als Bruch und in Prozent an.

– P(Herz 10; Herz 7) = _____ · _____ = _____ ≈ _____ %

– P(Bildkarte; Herz Ass) = _____ · _____ = _____ ≈ _____ %

– P(Bildkarte; Bildkarte) = _____ · _____ = _____ ≈ _____ %

c) Berechnen Sie die Wahrscheinlichkeit, zwei gleiche Karten zu ziehen. _____

5 In einem Gefäß befinden sich einundzwanzig Kugeln. Ein Drittel der Kugeln ist gelb. Außerdem sind noch weiße und rote Kugeln enthalten. Es sind zwei rote Kugeln mehr als weiße Kugeln.

a) Färben Sie die Kugeln entsprechend ein.

b) Es wurde eine weiße Kugel gezogen und nicht wieder in das Gefäß

zurückgelegt. Beim nächsten Zug sind dann noch _____ Kugeln

im Gefäß. Die Wahrscheinlichkeit, dann eine weitere weiße Kugel

zu ziehen, beträgt _____ .

c) Es wurden nacheinander drei gelbe, vier rote und zwei weiße Kugeln gezogen und zur Seite gelegt.

Im Gefäß sind nun noch insgesamt _____ Kugeln, nämlich _____ gelbe, _____ rote und _____ weiße Kugeln.

Die Wahrscheinlichkeit für den nächsten Zug, eine bestimmte Farbe zu ziehen,

ist für alle Farben _____ , sie beträgt _____ .

6 In einer Urne befinden sich drei orange und sieben weiße Kugeln. Sie ziehen zweimal hintereinander. Vervollständigen Sie den Baum. Berechnen Sie die einzelnen Wahrscheinlichkeiten.

a) Ziehen mit Zurücklegen

b) Ziehen ohne Zurücklegen

1 Welcher Graph stellt eine Funktion dar? Kreisen Sie die Buchstaben der Funktionsgraphen ein.

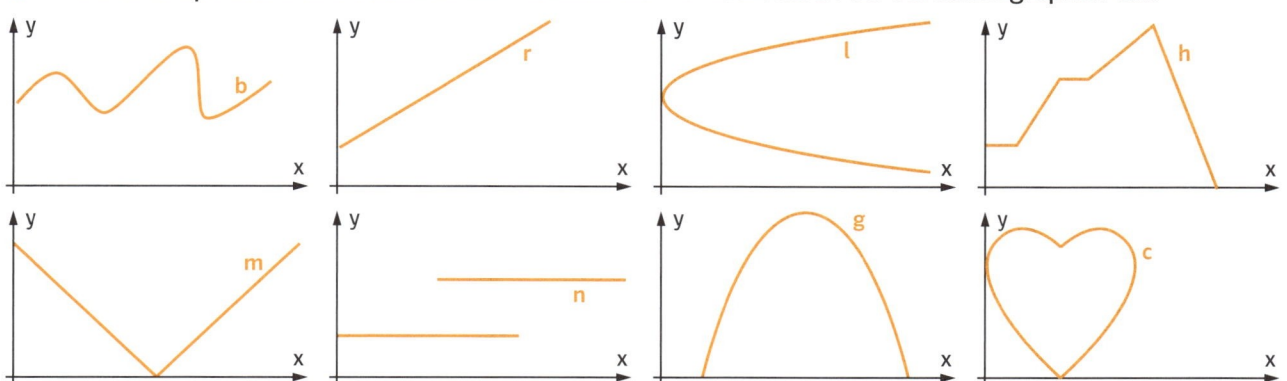

Die Buchstaben der Funktionsgraphen ergeben – umsortiert und mit zwei Vokalen ergänzt – eine deutsche

Großstadt: _____ .

2 Jan lässt in der Küche 60 °C heißes Wasser abkühlen und misst alle zehn Minuten die Temperatur.

Zeit (in min)	0	10	20	30	40	50	60
Temp. (in °C)	60	52	45	41	37	34	32

a) Zeichnen Sie die Temperaturkurve.

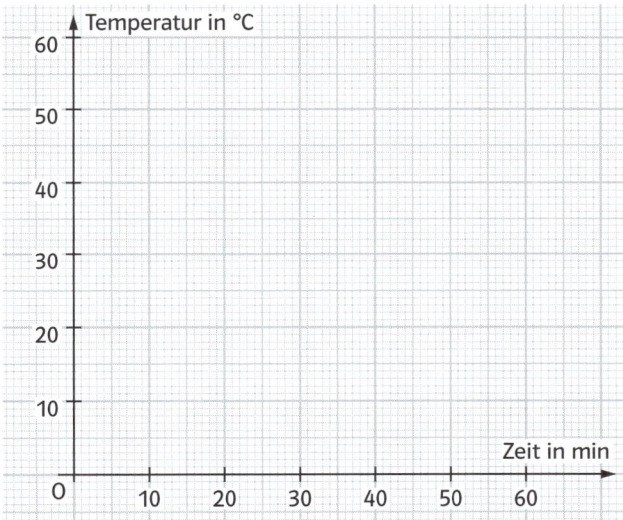

b) Liegt eine Funktion vor? Begründen Sie. _____

_____

_____

c) Beschreiben Sie, wie sich die Temperatur des Wassers in der nächsten Stunde weiterentwickeln wird.

_____

_____

_____

3 Ist die Zuordnung eine Funktion?

Eingabegröße	Ausgabegröße	Ja	Nein
a) Klassenlehrer	Schuhgröße	○	○
b) Schuhgröße	Lehrer	○	○
c) Auto	Autokennzeichen	○	○
d) Autokennzeichen	Auto	○	○
e) Körpergewicht	Körpergröße	○	○

4 Rechenvorschrift: Jeder Zahl x wird ihr Dreifaches vermindert um 1 zugeordnet.

a) Geben Sie einen Term für die Berechnung von y an.

y = _____

b) Vervollständigen Sie die Wertetabelle.

Eingabegröße x	Ausgabegröße y
−3	−10
−2	
−1	
0	
1	
2	
3	

c) Erstellen Sie im Koordinatensystem das Schaubild.

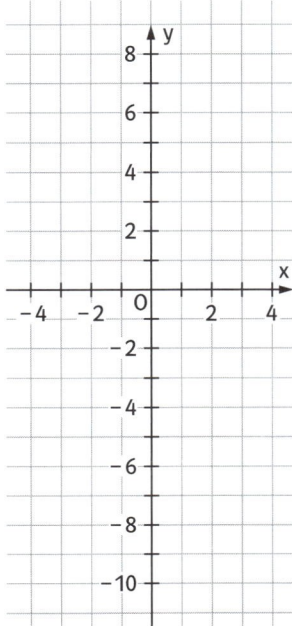

1 Zeichnen Sie folgende proportionale Funktionen mithilfe des Steigungsdreiecks in das Koordinatensystem ein.

a) $y = \frac{1}{2}x$

b) $y = -x$

c) $y = -6x$

d) $y = 0,6x$

e) $y = -\frac{4}{7}x$

f) $y = 2,5x$

g) Der Graph der Funktion _____ ist am steilsten.

h) Der Graph der Funktion _____ ist am flachsten.

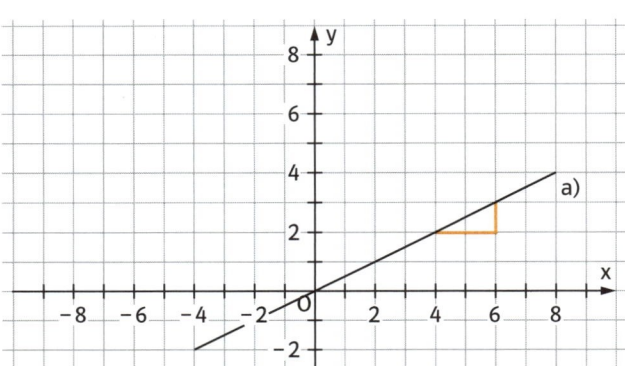

2 Notieren Sie die den Graphen a) bis f) entsprechenden Funktionen. Zeichnen Sie ein mögliches Steigungsdreieck an jede Gerade.

a) y = _____

b) y = _____

c) y = _____

d) y = _____

e) y = _____

f) y = _____

g) Die Steigung der Funktion _____ ist am größten.

h) Die Steigung der Funktion _____ ist am kleinsten.

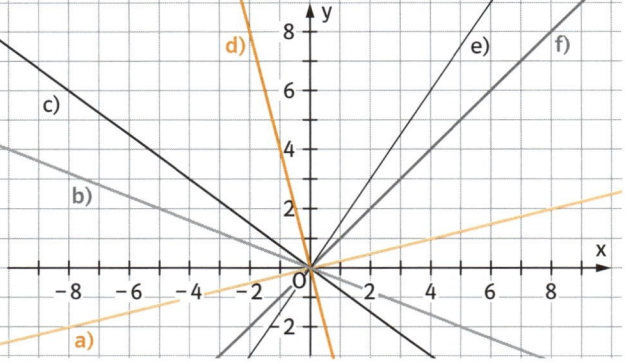

3 Der Graph geht durch den Ursprung. Beide Punkte liegen auf einer Geraden. Zeichnen Sie den Graphen und ergänzen Sie die Lücken.

a) P(2|2)   Q(−4|_____)   y = _____

b) P(4|1,5)   Q(_____|−3)   y = _____

c) P(3|−4)   Q(_____|6)   y = _____

d) P(_____|3) Q(1|−6)   y = _____

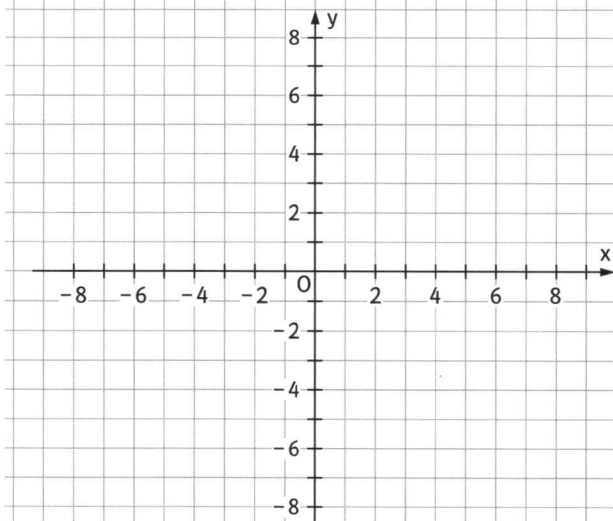

4 Stellen Sie, sofern es sich um eine Funktion handelt, zuerst die Gleichung auf und berechnen Sie anschließend die Lösung.

a) Ein Liter Dieselkraftstoff kostet 1,479 €.

y = _____ 47,25 l kosten _____ €.

b) Ein Geschäft bietet Butter für 1,09 € pro 250 g an.

y = _____ 2 kg Butter kosten _____ €.

c) Thore ist ein Jahr alt und wiegt 6,5 kg.

y = _____ Mit sechs Jahren wiegt

er _____ kg.

d) Ein Kilogramm Bananen kostet 1,89 €.

y = _____ Eine Banane (457 g) kostet

_____ €.

e) Auf dem Markt werden zehn Bio-Eier für 2,10 € angeboten.

y = _____

Für sechs Eier muss man

_____ € bezahlen.

Wie viel koste ich?

1 Welcher Graph gehört zu welcher linearen Funktionsgleichung?

Beispiel: Setzt man in die Funktionsgleichung $y = 2x + 6$ für x den Wert 0 ein, so erhält man als zugehörigen

Funktionswert _____, also liegt der Punkt (____|____)

auf dem Graphen der linearen Funktionsgleichung $y = 2x + 6$. Der einzige Graph, der durch diesen Punkt läuft, ist c).

Notieren Sie jeweils den zugehörigen Graphen.

c) $y = 2x + 6$ _____ $y = -5x - 2$

_____ $y = 3x - 11$ _____ $y = \frac{1}{2}x + 2$

_____ $y = -\frac{2}{3}x + 3$ _____ $y = 0x - 5$

2 Geben Sie die Funktionsgleichung zu den Graphen an.

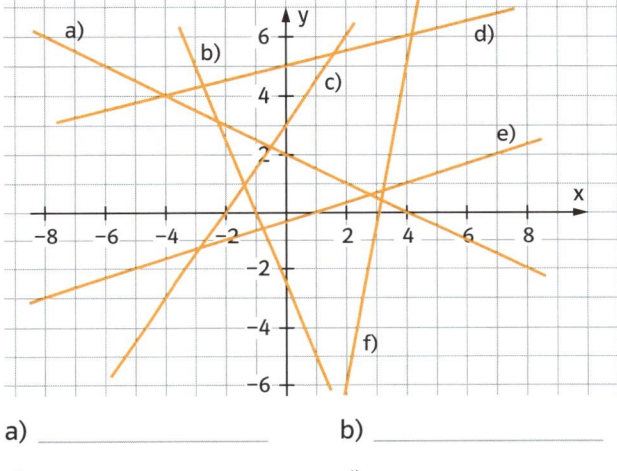

a) _____

b) _____

c) _____

d) _____

e) _____

f) _____

3 Zeichnen Sie den Graphen der linearen Funktion in das Koordinatensystem ein.

a) $y = 6x - 3$ b) $y = -1,6x + 2$

c) $y = \frac{5}{6}x - 5$ d) $y = 0 \cdot x + 4,5$

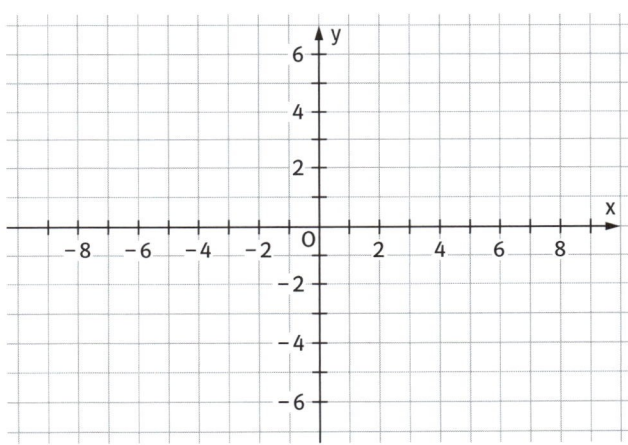

4 Linus möchte sich einen neuen MP3-Player kaufen. In seinem Sparstrumpf hat er bereits 20 €. Damit er nicht mehr so lange warten muss, spart er nun jede Woche sein ganzes Taschengeld in Höhe von 5 €.

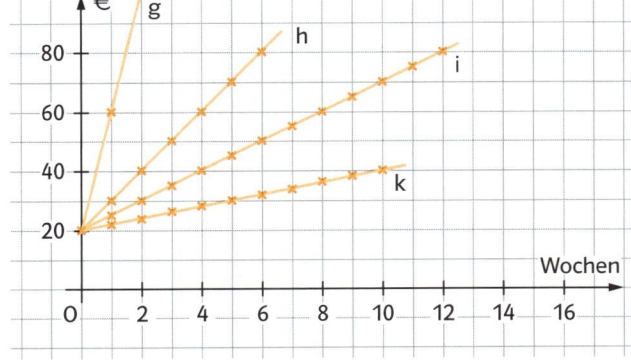

a) Aus welchem Graphen lassen sich Linus' Ersparnisse in Abhängigkeit der Spardauer ablesen?

Aus Graph _____.

b) Er kann den MP3-Player für 65 € nach _____

Wochen oder das Modell zu 79 € nach _____ Wochen kaufen.

c) Die Funktionsgleichung, die den Graphen der

linearen Funktion beschreibt, lautet y = _____.

d) Notieren Sie die Funktionsgleichungen der anderen drei Graphen.

Graph ____ : y = _____   Graph ____ : y = _____   Graph ____ : y = _____

1 Aufgabe: Zwei Freunde machen mit dem Roller einen Ausflug. Im Augenblick sind sie an einem Aussichtsturm 42 km von zu Hause entfernt. Noch sind sie sechs Stunden von ihrem Ziel, einem Bergsee, entfernt. Der Roller fährt in drei Stunden 63 km. Wie viele Stunden müssen sie noch fahren, um gleich weit vom See und von ihrem Zuhause entfernt zu sein?

Die Aufgabe wurde in vier Schritten gelöst. Finden Sie in den vier Kästen jeweils die für die Lösung wichtigen Informationen. Markieren Sie sie. Wenn Sie alle Zahlen neben relevanten Aussagen addieren, erhalten Sie 304.

Reale Welt · Übersetzen · **Mathematik**

Realsituation

Welche Aussagen bzw. Fragestellungen brauchen Sie zum Lösen der Aufgabe?

3   Der Roller ist nicht verkehrssicher.
5   Wie lang ist die Gesamtstrecke?

7   1 Stunde = _____ Minuten
11 Der Roller hat zwei Räder.
13 Pro Stunde legt der Roller rund 21 km zurück.
17 Wie viele Stunden brauchen sie insgesamt?
19 Der See liegt in einem Tal.

Mathematisches Modell

23 Die Gesamtstrecke beträgt 24 · 6 + 21 km.
29 Man wählt x für die Fahrzeit ab dem Aussichtsturm.
31 Die Hälfte der Gesamtstrecke beträgt 21 · 6 + 42 : 2 km.
37 Man wählt y für die Entfernung von zu Hause.
41 Die Gesamtstrecke beträgt 168 km.
43 Funktion: $y = 21x + 42$
47 Funktion: $y = 21x - 42$

Bewerten · Lösen

Reale Ergebnisse

Welches Resultat bzw. welche Aussage stellt die Lösung der Aufgabe dar?

61 Sie müssen noch vier Stunden fahren.
67 Nach weiteren 84 km sind sie am Bergsee.
71 Nach weiteren vier Std. ist der Roller am See.
73 Sie sind noch 126 km vom Ziel entfernt.
79 Sie müssen noch 42 km fahren.
83 Sie müssen noch zwei Stunden fahren.
87 Die Mitte der Gesamtstrecke liegt bei 84 km.

Mathematische Ergebnisse

53 | 59

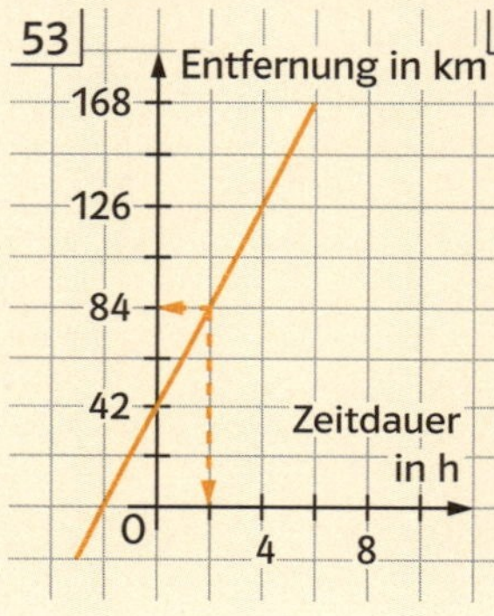

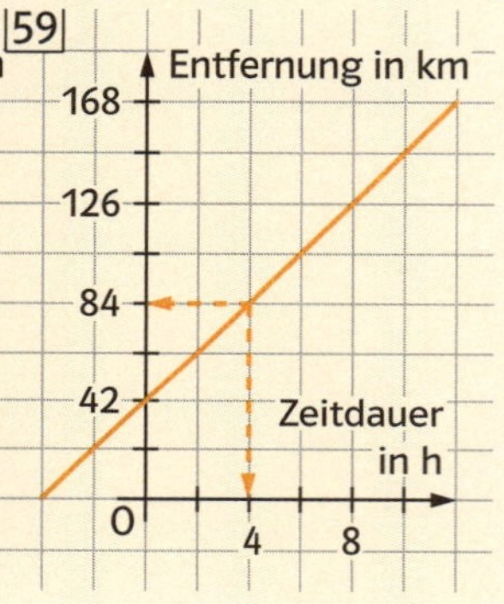

Entfernung in km — 168, 126, 84, 42 — Zeitdauer in h — 0, 4, 8

Entfernung in km — 168, 126, 84, 42 — Zeitdauer in h — 0, 4, 8

Interpretieren

2 Ordnen Sie die Karten A bis H in richtiger Reihenfolge den Aufgaben a) und b) zu. 2 Karten bleiben übrig.

a) Ein zum Drittel gefüllter Haustank (Fassungsvermögen 7500 l) einer Heizungsanlage wird mit Öl befüllt. Die Pumpe des Tankwagens schafft in einer Minute 400 l. Nach welcher Zeit ist der Tank voll?

b) Wegen einer Reparatur muss der zu 60 % befüllte Feuerwehrtankwagen (Ladevolumen: 16 000 l) entleert werden. In einer Viertelstunde laufen 6000 l ab. Nach welcher Zeit ist der Tank leer?

Reihenfolge: _____

Reihenfolge: _____

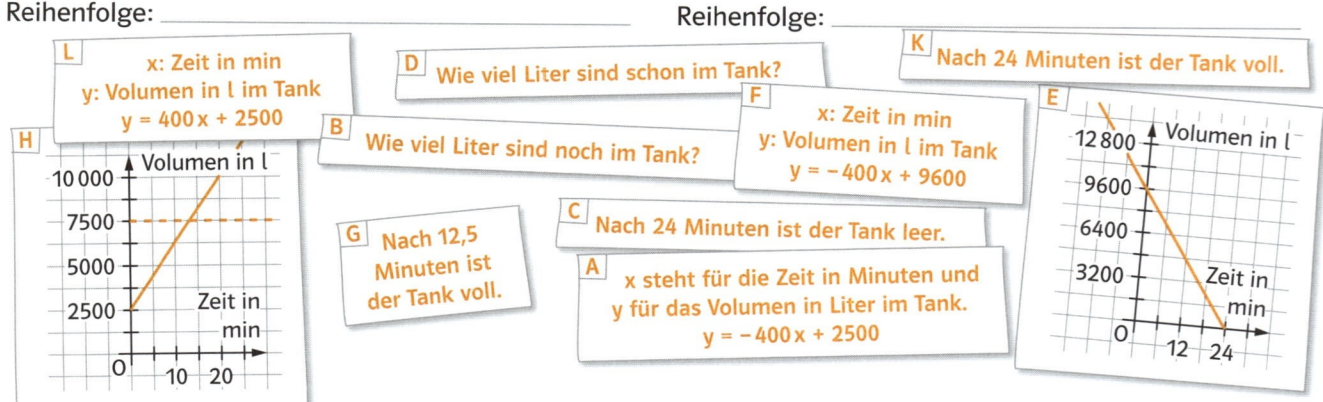

L x: Zeit in min
y: Volumen in l im Tank
$y = 400x + 2500$

D Wie viel Liter sind schon im Tank?

K Nach 24 Minuten ist der Tank voll.

H Volumen in l — 10 000, 7500, 5000, 2500 — Zeit in min — 0, 10, 20

B Wie viel Liter sind noch im Tank?

F x: Zeit in min
y: Volumen in l im Tank
$y = -400x + 9600$

E Volumen in l — 12 800, 9600, 6400, 3200 — Zeit in min — 0, 12, 24

G Nach 12,5 Minuten ist der Tank voll.

C Nach 24 Minuten ist der Tank leer.

A x steht für die Zeit in Minuten und y für das Volumen in Liter im Tank.
$y = -400x + 2500$

1 Von welchen Gleichungen ist das Zahlenpaar (3; 4) eine Lösung? Kreuzen Sie an.

a) $2x - 1,5y = 0$ ☐   b) $y + 3x = -13$ ☐

c) $y - 4,5x = -9,5$ ☐   d) $0 = -x + 11 - 2y$ ☐

e) $3y - 16,2x = -4,2$ ☐   f) $4y - \frac{8}{3}x = 8$ ☐

g) $y + 0,7x = 6,1$ ☐   h) $y - 1,25x = 0,75$ ☐

i) Drei Gleichungen werden nicht von (3; 4) gelöst. Ersetzen Sie in diesen die Zahl ohne Variable so, dass (3; 4) nun eine Lösung ist.

_____

_____

_____

j) Zeichnen Sie zur Kontrolle die Graphen der drei von Ihnen gefundenen Gleichungen linearer Zuordnungen aus Teilaufgabe i) in das Koordinatensystem.

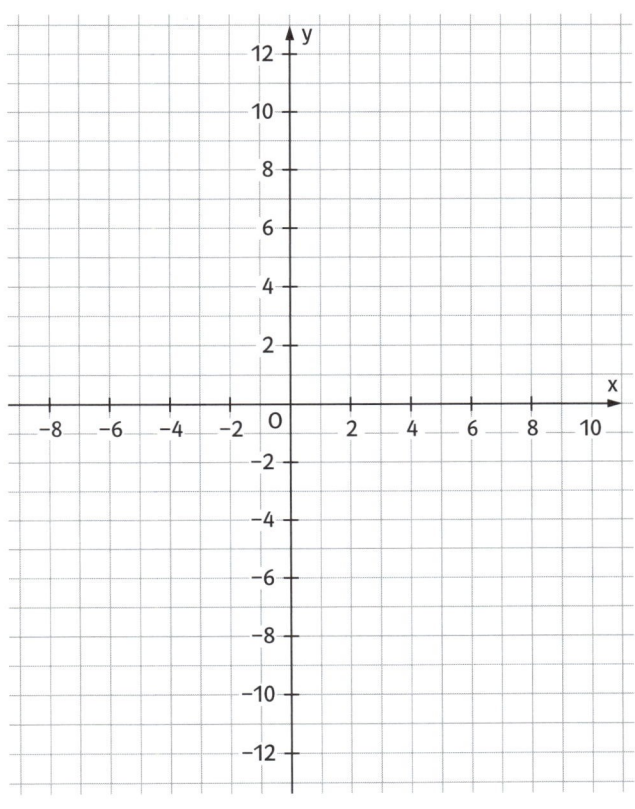

2 Bestimmen Sie die fehlende Zahl so, dass sich eine Lösung (x; y) von $y - 0,6x = 2$ ergibt. Wenn Sie die gefundenen Zahlen auf das Alphabet übertragen und richtig sortieren, ergibt sich ein

Lösungswort: __ __ __ __ __ __ .

(___ ; 2,6)   (5; ___) $\left(11\frac{2}{3}; \text{___}\right)$ (___ ; 9,2)   (20; ___)   (___ ; 12,8)

3 Geben Sie die Gleichung zu jedem Graphen an.

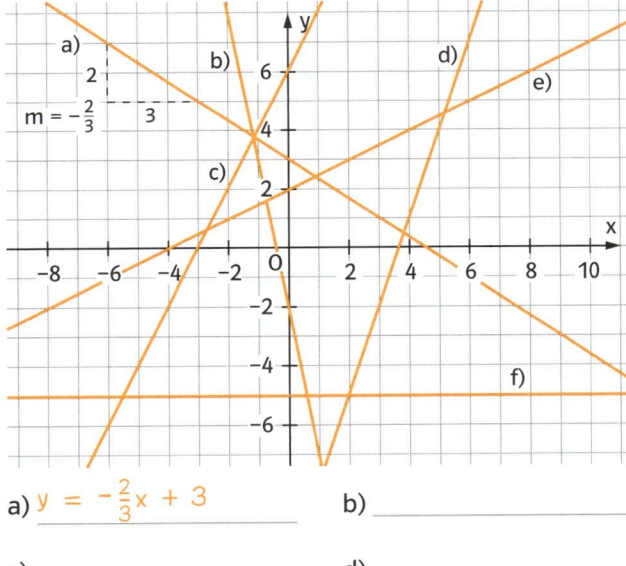

a) $y = -\frac{2}{3}x + 3$ b) _____

c) _____   d) _____

e) _____   f) _____

4 a) Ein Bauer besitzt Hasen und Hühner, zusammen haben sie 22 Beine. Wie viele Hasen und wie viele Hühner könnten dem Bauer gehören? Stellen Sie eine Gleichung mit zwei Variablen auf und geben Sie alle möglichen ganzzahligen Lösungen an.

Gleichung: _____

Anzahl Hasen					
Anzahl Hühner					

b) Gegeben ist folgende Gleichung: $8y + 6x = 72$ Eine mögliche Textaufgabe zu dieser Gleichung

könnte die Anzahl der Beine von _____

und _____ betreffen.

Notieren Sie ganzzahlige Lösungen der Gleichung.

Anzahl			
Anzahl			

1 Ordnen Sie die Zahlenpaare den linearen Gleichungssystemen als Lösung zu. Ein Zahlenpaar bleibt übrig.

(1) $y = 2x - 3$
(2) $y = -3x + 2$

(1) $3 - y = x$
(2) $x - y = 5$

(1) $4,5x - 2y = 4$
(2) $7x + 4y = 24$

(1) $y - 1,5x = 2,5$
(2) $-\frac{2}{3}x - 4 = y$

$(4; -1)$ $(2; 2,5)$ $\left(\frac{3}{4}; -\frac{5}{2}\right)$ $(1; -1)$ $(-3; -2)$

2 Bestimmen Sie mit verschiedenen Farben die Lösung. Lesen Sie die Koordinaten für die Probe ab.

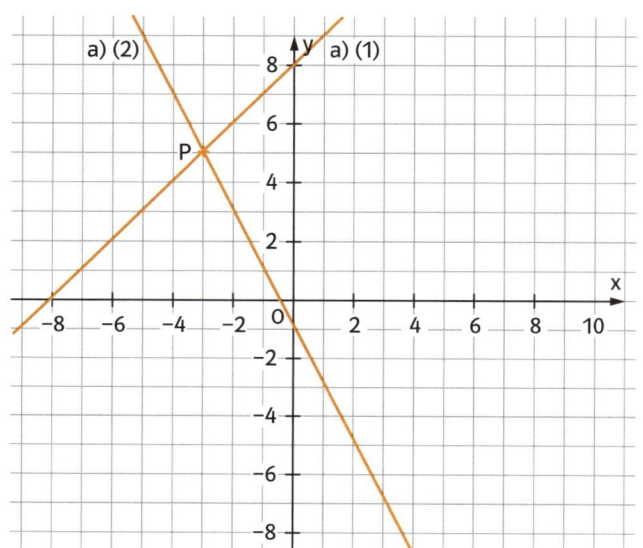

a) (1) $y = x + 8$ (2) $y = -2x - 1$ P($\underline{-3}$ | $\underline{5}$)

Probe: $\underline{5 = -3 + 8}$ ✓ $\underline{5 = -2 \cdot (-3) - 1}$ ✓

b) (1) $y = 2x + 3$ (2) $y = 0,5x + 6$ Q($\underline{\quad}$ | $\underline{\quad}$)

Probe: _____

c) (1) $y = -\frac{1}{3}x - 4$ (2) $y = -x + 2$ R($\underline{\quad}$ | $\underline{\quad}$)

Probe: _____

d) (1) $y = -x + 6,5$ (2) $y = \frac{2}{3}x - \frac{7}{2}$ S($\underline{\quad}$ | $\underline{\quad}$)

Probe: _____

3 Suchen Sie unter den Gleichungen alle heraus, die zusammen mit $y = 1,5x + 5$ den Punkt $P(-6 | -4)$ als Lösung haben. Richtig sortiert, ergeben die Buchstaben der gesuchten Gleichungen ein englisches

Lösungswort: ___ ___ ___ ___ ___ .

a) $y + 1,5x = -13$ **N**   b) $y = \frac{1}{3}x - 1$ **E**

c) $-14 = 3x - y$ **P**   d) $y = \frac{1}{2}x + 7$ **U**

e) $1,4y = -0,7x - 9,8$ **T**   f) $\frac{3}{8}y = \frac{1}{4}x$ **I**

g) $y = -\frac{4}{5}x + \frac{4}{5}$ **K**   h) $0 = 2x + 8 - y$ **O**

4 Je zwei verbundene Gleichungen bilden ein Gleichungssystem. Notieren Sie an den Verbindungslinien, ob das Gleichungssystem keine (k), eine (e) oder unendlich (u) viele gemeinsame Lösungen hat.

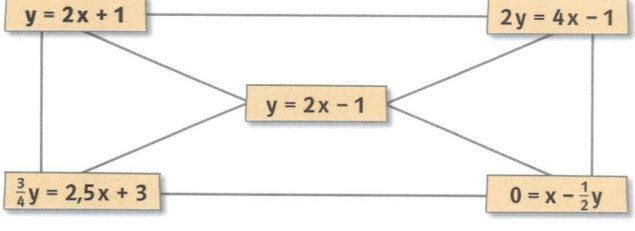

5 In der Nähe einer Polarstation leben 12 Tiere, Eistaucher und Eisbären. Zusammen haben sie 32 Beine. Wie viele Eistaucher und wie viele Eisbären leben bei der Polarstation?
x steht für die Anzahl der Eistaucher und y für die

_____ der _____ .

Somit ergeben sich folgende zwei Gleichungen eines linearen Gleichungssystems:

(1) _____ + _____ = 32 und (2) $x + y = $ _____

(1'): $y = $ _____   (2') $y = $ _____

Es leben dort ____ Eistaucher und ____ Eisbären.

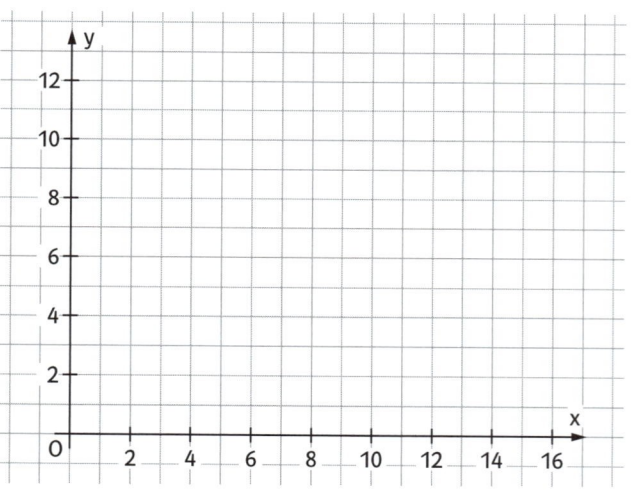

6 Timo hat 13 LEGO-Steine (Sechser und Achter). Hintereinandergelegt bilden sie eine 88 Noppen lange Reihe. Wie viele Sechser– und Achter-Steine hat Timo?

x steht für die _____ der Sechser und y für die Anzahl der Achter. Somit ergeben sich folgende Gleichungen eines linearen Gleichungssystems:

(1) x + y = _____ und (2) _____ + _____ = 88

(1') y = _____ (2') y = _____
Lösen Sie das lineare Gleichungssystem durch das Einzeichnen der Graphen in das Koordinatensystem.

In Timos Kiste liegen _____ Sechser und _____ Achter.

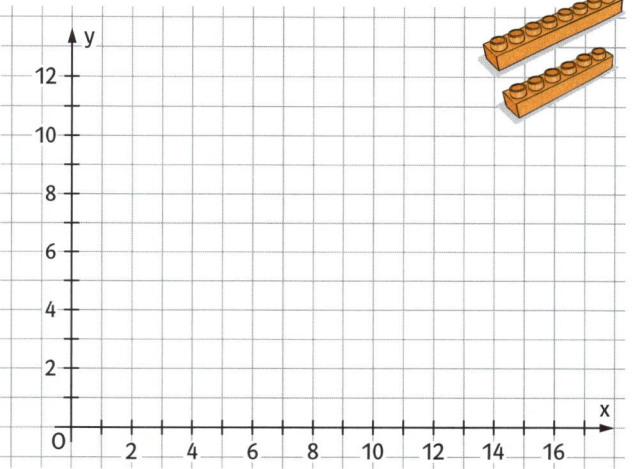

7 Verändern Sie jeweils eine der zwei Gleichungen des linearen Gleichungssystems an einer Stelle so, dass es
a) unendlich viele Lösungen gibt.
(1) y = 3x + 4
(2) y = 3x − 2
_____

b) keine Lösung gibt.
(1) y = −4x − 3
(2) y = 2x + 3
_____

c) genau eine Lösung gibt.
(1) 1,5y = 7,5x + 4,5
(2) 0,5y = 2,5x + 1,5
_____

8 Die Leihgebühr für ein Tretboot beträgt 8,00 €. Pro halbe Stunde muss man zusätzlich noch 6,00 € zahlen. Bei einem anderen Anbieter muss man pro Boot eine Grundgebühr von 2,00 € und pro Stunde 15,00 € zahlen.

a) Notieren Sie die Gleichung, mit der Sie den End-

preis berechnen: (1) y = _____

(2) y = _____

b) Zeichnen Sie alle Zahlenpaare (Leihdauer; Preis) in das Koordinatensystem ein.

c) Bei einer Leihdauer von _____ Stunden beträgt

der Gesamtpreis bei beiden Angeboten _____ €.

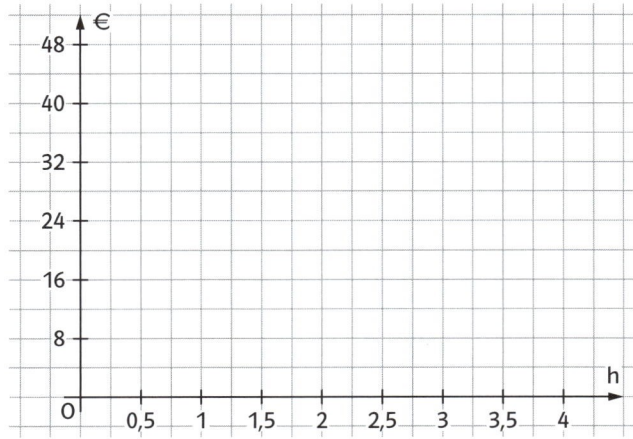

9 Zeigen Sie durch Einzeichnen der Funktionsgraphen in das Koordinatensystem, welche der vier linearen Gleichungen gemeinsam genau eine (e), keine (k) bzw. unendlich (u) viele Lösungen haben.

(1) y = 1,5x − 2   (2) y − x = 0
(3) 2y − 3x = 6   (4) 3,75x = 2,5y − 7,5

(1) mit (2) _____   (1) mit (3) _____

(1) mit (4) _____   (2) mit (3) _____

(2) mit (4) _____   (3) mit (4) _____

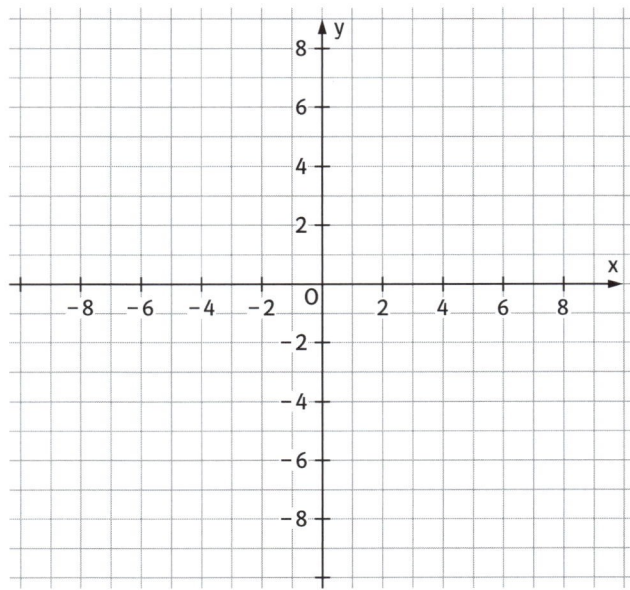

1 Finden Sie die Fehler und korrigieren Sie sie mit anschließender Probe.

a) (1) $y = 4x + 2$

   (2) $y = 9x - 3$

Gleichsetzen:	Korrektur:
$4x + 2 = 9x - 3 \quad \vert -9x$	_____
$-5x + 2 = -3 \quad\quad \vert -2$	_____
$-5x = -5 \quad\quad\quad \vert : 5$	_____
$x = -1$	_____

Einsetzen von x in (1):

     $y = 4 \cdot (-1) + 2$ _____

     $y = -4 + 2$ _____

     $y = 2$ _____

Probe: $2 = 9 \cdot (-1) - 3$ _____

      $2 = -9 - 3$ _____

      $2 = -12$ f   _____

b) (1) $x = -2y + 14$

   (2) $x = 3y + 39$

Gleichsetzen:	Korrektur:
$-2y + 14 = 3y + 39 \quad \vert -14$	_____
$-2y = 3y + 25 \quad \vert -3y$	_____
$-5y = 25 \quad\quad \vert : (-5)$	_____
$y = -5$	_____

Einsetzen von y in (1):

     $x = 2(-5) + 15$ _____

     $x = -10 + 15$ _____

     $x = 5$ _____

Probe: $5 = 3(-5) + 39$ _____

      $5 = -15 + 39$ _____

      $5 = 25$ f   _____

2 Hier sind die Lösungsschritte und die Proben der beiden linearen Gleichungssysteme durcheinander. Markieren Sie zusammengehörende Kärtchen in einer Farbe. Nummerieren Sie die Abfolge der Lösungsschritte.

a) (1) $3x + y = 8$
   (2) $y = 2x - 12$

____   (1') $y = 8 - 3x$

____ $0,6x + 1,52 = 4,4 \quad \vert -1,52$

____ $5y = 3,8 \quad \vert : 5$

____ $-4 = -4$

____ $x = 4$

____   Probe mit (2) $0,6 \cdot 4,8 = 3 \cdot 0,76 + 0,6$

____ $y = -4$

b) (1) $0,6x + 2y = 4,4$
   (2) $0,6x = 3y + 0,6$

____   (1) – (2') $3y + 0,6 + 2y = 4,4$

____ $0,6x = 2,88 \quad \vert : 0,6$

____   Probe mit (2) $-4 = 2 \cdot 4 - 12$

____   (2') $0,6x - 3y - 0,6 = 0$

____ $y = 0,76$

____   (1') = (2) $8 - 3x = 2x - 12 \vert + 12 \vert + 3x$

____   (1) $3 \cdot 4 + y = 8$

____ $x = 4,8$

____ $12 + y = 8 \quad \vert -12$

____ $2,88 = 2,88$

____ $5y + 0,6 = 4,4 \quad \vert -0,6$

____   (1) $0,6x + 2 \cdot 0,76 = 4,4$

____ $-4 = 8 - 12$

____ $5x = 20 \quad \vert : 5$

3 Stellen Sie die linearen Gleichungen von (1) und (2) auf, berechnen Sie den Schnittpunkt der beiden Graphen. Machen Sie die Probe.

(1) $y =$ _____   Einsetzen von x: _____

(2) $y =$ _____   _____

Gleichsetzen: _____

_____   Probe mit (2): _____

_____   _____

_____

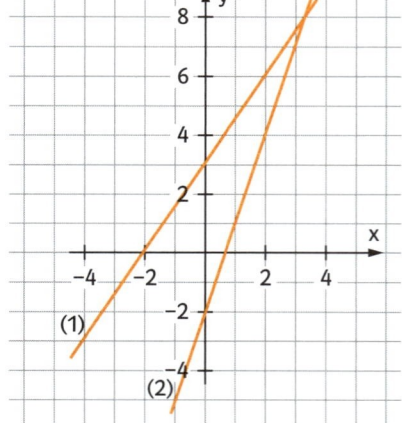

1 Lösen Sie das lineare Gleichungssystem mit dem Additionsverfahren.

a) (1) $4x + 2y = 28$
   (2) $3x - 2y = 14$

   (1+2): _____

   x = _____

Setzen Sie x in (1) ein:

   (1) $4 \cdot$ ____ $+ 2y = 28$

   _____ $+ 2y = 28$

   $2y$ = _____

   y = _____

Probe mit Gleichung (2):

   (2) $3 \cdot$ ____ $- 2 \cdot$ _____ $= 14$

   _____ $-$ _____ $= 14$

   $= 14$

b) (1) $6x + 4y = 38$
   (2) $2x + 2y = 8$

   (1) _____

   (2) _____

   (1+2): _____

   _____ $=$ ____

Setzen Sie ____ in (1) ein:

   (1) $6 \cdot$ ____ $+ 4 \cdot$ ____ $= 38$

   _____ $= 38$

   _____ $=$ ____

   _____ $=$ ____

Probe mit Gleichung (2):

   (2) $2 \cdot$ ____ $+ 2 \cdot$ _____ $= 8$

   _____ $= 8$

   _____ $= 8$

2 Bestimmen Sie die fehlende Gleichung.

a) (1) _____

   (2) $3x - 4y = 19$

   (1+2): $8x = 42$

b) (1) $7y - 3x = -15$

   (2) _____

   (1+2): $-7x = 16$

c) (1) _____

   (2) $18 = 2x - 3y$

   (1+2): $-5 = y$

3 Wilhelm soll am Kiosk für seine Familie und die Verwandten, die schon seit drei Tagen zu Besuch sind, Eis holen. Ein Milchfinger kostet 1,20 € und eine Erdbeerhand 1,50 €. Das Geld hat er abgezählt mitbekommen, genau 18,00 €. Auf dem Weg zum Kiosk sagt sich Wilhelm ständig vor, wie viel von welchem Eis er holen soll, dabei vertauscht er leider irgendwann die Eissorten. Beim Bezahlen bekommt er 0,90 € zurück. Stellen Sie das lineare Gleichungssystem auf und lösen Sie mit dem Additionsverfahren.

Die Variable x steht für die Anzahl der _____ und die

Variable y für die Anzahl der _____.

Zweite Variable:

(1) _____   _____

(2) _____   _____

umgeformt: _____

(1') _____   _____ $=$ _____

(2') _____   Probe: _____

(1'+2'): _____   _____

_____ $=$ _____   _____

Eigentlich soll Wilhelm ____ Milchfinger und ____ Erdbeerhände holen.

4 Das abgebildete Parallelogramm und das große Dreieck sind aus gleich großen gleichschenkligen Dreiecken zusammengefügt worden.

a) Markieren Sie in den Figuren gleich lange Seiten mit gleichen Farben.

b) Stellen Sie für beide Figuren die Gleichungen auf, um ein Gleichungssystem zu erhalten.

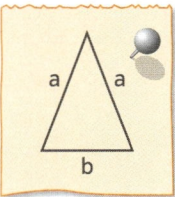

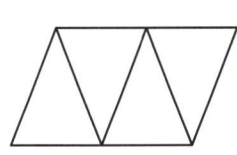

Umfang Parallelogramm: 46 cm

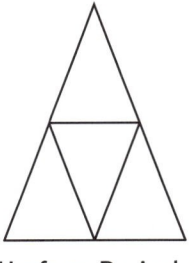

Umfang Dreieck: 50 cm

(1) ____ a + ____ b = _____ (Parallelogramm)

(2) ____ a + ____ b = _____ (großes Dreieck)

c) Berechnen Sie im Heft die Seitenlängen des gleichschenkligen Dreiecks.

Schenkellänge: _____ cm   Basislänge: _____ cm

1 Lösen Sie das lineare Gleichungssystem mit dem Additionsverfahren.

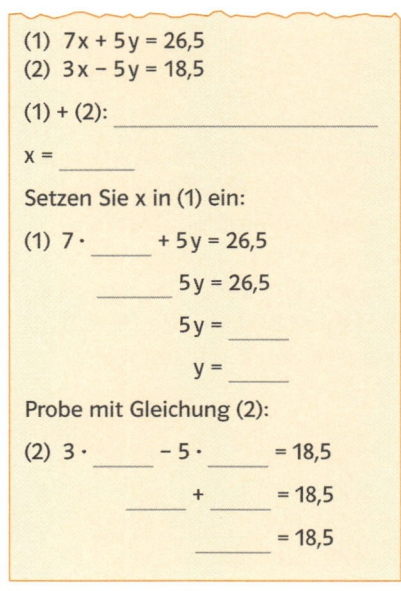

(1) $7x + 5y = 26{,}5$
(2) $3x - 5y = 18{,}5$

(1) + (2): _____

$x =$ _____

Setzen Sie x in (1) ein:

(1) $7 \cdot$ _____ $+ 5y = 26{,}5$

_____ $5y = 26{,}5$

$5y =$ _____

$y =$ _____

Probe mit Gleichung (2):

(2) $3 \cdot$ _____ $- 5 \cdot$ _____ $= 18{,}5$

_____ $+$ _____ $= 18{,}5$

_____ $= 18{,}5$

2 Lösen Sie das lineare Gleichungssystem mit dem Einsetzungsverfahren.

(1) $23x + 7y = 29$
(2) $23x = 2y + 110$

(2) in (1): $2y + 110 +$ _____ $=$ _____

_____

_____ |

$y =$ _____

x mit (1):

$23x + 7 \cdot$ _____ $= 29$

$23x$ _____ $= 29$ | _____

$23x =$ _____ | _____

$x =$ _____

P in (2): $23 \cdot$ _____ $= 2 \cdot$ _____ $+ 110$

_____ $=$ _____

_____ $=$ _____

3 Lösen Sie das lineare Gleichungssystem mit dem Gleichsetzungsverfahren.

(1) $4x - 6 = 7y$
(2) $7y = 2x - 10$

(1) = (2): $4x - 6 =$ _____ | _____

_____ | _____

_____ | _____

$x =$ _____

y mit (1): $4 \cdot$ _____ $- 6 = 7y$

_____ $= 7y$

_____ $= 7y$ | _____

_____ $= y$

P in (2): $7 \cdot$ _____ $= 2 \cdot$ _____ $- 10$

_____ $=$ _____

_____ $=$ _____

4 Verändern Sie jeweils eine der beiden Gleichungen des linearen Gleichungssystems an einer Stelle so, dass es

a) unendlich viele Lösungen gibt.
    (1) $y = 4x + 5$
    (2) $y = 4x - 2$

_____

b) keine Lösung gibt.
    (1) $y = -5x - 4$
    (2) $y = 2x - 4$

_____

c) genau eine Lösung gibt.
    (1) $2{,}5y = 12{,}5x + 7{,}5$
    (2) $0{,}5y = 2{,}5x + 1{,}5$

_____

5 Kreuzen Sie an, ob mit dem Einsetzungsverfahren (EV) oder dem Gleichsetzungsverfahren (GV) gearbeitet wurde und rekonstruieren Sie die fehlende Gleichung des linearen Gleichungssystems.

a) (1) $y - 4x = 9$

   (2) _____

   $5x - 6 - 4x = 9$

   EV ☐   GV ☐

b) (1) $-3x + 7 = y$

   (2) _____

   $-3x + 7 = -2x + 5$

   EV ☐   GV ☐

c) (1) $2y = \frac{2}{5}x + 3{,}5$

   (2) _____

   $2(4x - 2{,}5) = 0{,}4x + 3{,}5$

   EV ☐   GV ☐

d) (1) $5y = 3x + 6{,}5$

   (2) _____

   $5y = -3y + 1 + 6{,}5$

   EV ☐   GV ☐

6 Die linearen Gleichungssysteme wurden mit dem Additionsverfahren gelöst. Ordnen Sie jedem linearen Gleichungssystem eine Gleichung und eine Lösung zu. Tragen Sie den Buchstaben passend in die zugehörigen Kärtchen ein.

(1) $-2x + 12y = 108$
(2) $2x + 7y = 44$ **A**

(1) $56x = 8y + 216$
(2) $9x + 8y = 109$ **B**

(1) $x + 3y = 22$
(2) $2x + 3y = 23$ **C**

(1) $6x + 8y - 26 = 0$
(2) $9x = 57 - 3y$ **D**

(1) + (2) $65x = 325$ |

(1) + (2) $-18y = 36$ |

(1) + (2) $19y = 152$ |

(1) + (2) $x = 1$ |

$(7 ; -2)$ |

$(-6 ; 8)$ |

$(1 ; 7)$ |

$(5 ; 8)$ |

1 Aufgabe: Eine Glühlampe kostet 1,00 € und benötigt pro 100 Stunden 6 kWh Energie. Eine Energiespar-lampe kostet 12,00 € und benötigt pro 100 Stunden 1 kWh. Die Lebensdauer der Energiesparlampe ist 8-mal so hoch wie die der normalen Glühlampe. Ab welcher Betriebszeit lohnt sich finanziell der Einsatz der Energie-sparlampe, wenn man pro kWh 20 ct bezahlen muss?

Die Aufgabe wurde in vier Schritten gelöst. Finden Sie in den vier Kästen jeweils die für die Lösung wichtigen Informationen heraus. Markieren Sie sie. Wenn Sie die Zahlen neben diesen Aussagen addieren, erhalten Sie 340.

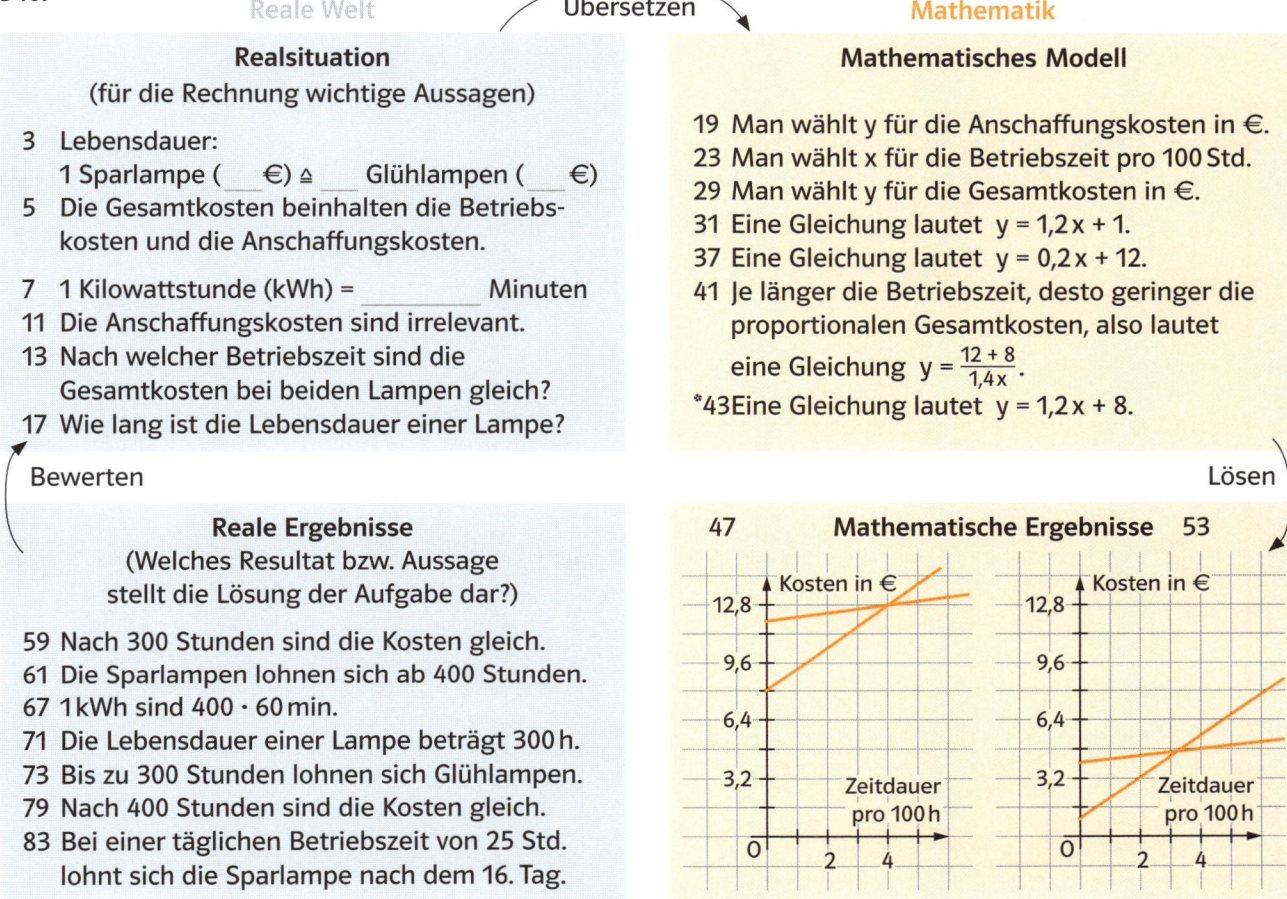

Reale Welt · Übersetzen · Mathematik

Realsituation

(für die Rechnung wichtige Aussagen)

3 Lebensdauer:
1 Sparlampe (___ €) ≙ ___ Glühlampen (___ €)
5 Die Gesamtkosten beinhalten die Betriebs-
kosten und die Anschaffungskosten.

7 1 Kilowattstunde (kWh) = _____ Minuten
11 Die Anschaffungskosten sind irrelevant.
13 Nach welcher Betriebszeit sind die
Gesamtkosten bei beiden Lampen gleich?
17 Wie lang ist die Lebensdauer einer Lampe?

Mathematisches Modell

19 Man wählt y für die Anschaffungskosten in €.
23 Man wählt x für die Betriebszeit pro 100 Std.
29 Man wählt y für die Gesamtkosten in €.
31 Eine Gleichung lautet $y = 1{,}2x + 1$.
37 Eine Gleichung lautet $y = 0{,}2x + 12$.
41 Je länger die Betriebszeit, desto geringer die
proportionalen Gesamtkosten, also lautet
eine Gleichung $y = \frac{12 + 8}{1{,}4x}$.
*43 Eine Gleichung lautet $y = 1{,}2x + 8$.

Bewerten · Lösen

Reale Ergebnisse
(Welches Resultat bzw. Aussage
stellt die Lösung der Aufgabe dar?)

59 Nach 300 Stunden sind die Kosten gleich.
61 Die Sparlampen lohnen sich ab 400 Stunden.
67 1 kWh sind 400 · 60 min.
71 Die Lebensdauer einer Lampe beträgt 300 h.
73 Bis zu 300 Stunden lohnen sich Glühlampen.
79 Nach 400 Stunden sind die Kosten gleich.
83 Bei einer täglichen Betriebszeit von 25 Std.
lohnt sich die Sparlampe nach dem 16. Tag.

47 **Mathematische Ergebnisse** 53

Interpretieren

2 Ordnen Sie die Karten von A bis I in richtiger Reihenfolge den Aufgaben a) und b) zu. 2 Karten bleiben übrig.

a) Die Stadtwerke Norden bietet zwei Gast-Tarife an. Zum ersten einen Tarif mit einem Arbeitspreis von 8 ct je kWh und einem Grundpreis von 71,00 €, sowie einen zweiten Tarif mit einem Grundpreis von 157,00 € und einem Arbeitspreis von 7 ct je kWh.

Reihenfolge: _____

b) Die Stadtwerke Norden bietet zwei Stromtarife an. Zum ersten einen Tarif mit einem Arbeitspreis von 36 ct je kWh und einem Grundpreis von 36,00 €, sowie einen zweiten Tarif mit einem Grundpreis von 54,00 € und einem Arbeitspreis von 20 ct je kWh.

Reihenfolge: _____

I Ab welchem jährlichen Verbrauch lohnt sich für den Verbraucher der zweite Tarif?

G Bei einem Verbrauch von 8600 kWh verursachen beide Tarife Gesamtkosten in Höhe von 759 €.

L $0{,}08x + 71 = 0{,}07x + 157$
$x = 8600 \quad y = 759$

B (1) $y = 0{,}36x + 36$
(2) $y = 0{,}2x + 54$

C Ab einem Verbrauch von 112,5 kWh lohnt sich wirt-schaftlich der zweite Tarif.

D (1) $y = 0{,}08x + 71$
(2) $y = 0{,}07x + 157$

A $0{,}07x + 71 = 0{,}08x + 157$
$x = 8600 \quad y = 759$

H Ab einem Verbrauch von 76,5 kWh lohnt sich wirtschaftlich der zweite Tarif.

F $0{,}2x + 54 = 0{,}36x + 36$
$x = 112{,}5 \quad y = 76{,}5$

E Bei welchem Verbrauch verursachen die Tarife genau die gleichen Gesamtkosten?

1 Geben Sie die Koordinaten des Scheitelpunkts an und zeichnen Sie den Graphen der Funktion in das Koordinatensystem.

a) $y = x^2$ $\qquad$ S(____|____)

b) $y = x^2 + 1$ $\qquad$ S(____|____)

c) $y = x^2 - 2$ $\qquad$ S(____|____)

d) $y = x^2 - 0,5$ $\qquad$ S(____|____)

e) Vergleichen Sie die Graphen:
Wenn man den Graphen aus a) (Normalparabel) um

____ nach _____ verschiebt, erhält man die Parabel aus b). Wenn man die Normalparabel um 0,5

bzw. 2 nach _____ verschiebt, erhält man die

Parabeln aus ____ bzw. ____ . Alle Graphen haben dieselbe Form wie die Normalparabel.

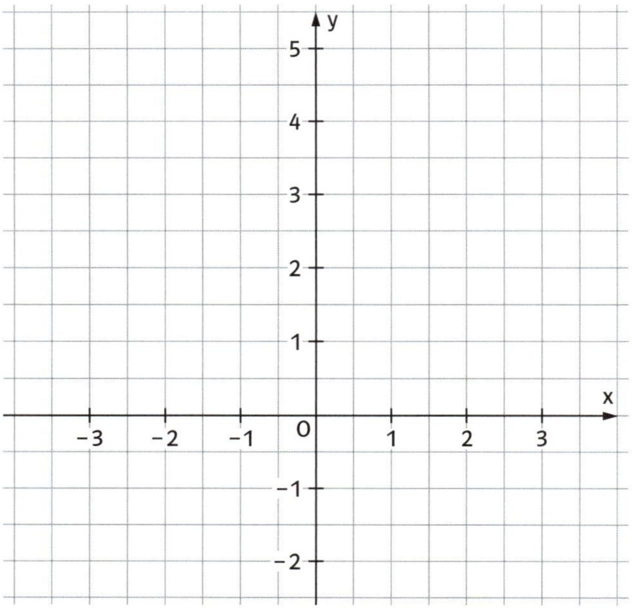

2 Geben Sie die zugehörige Funktionsgleichung an.

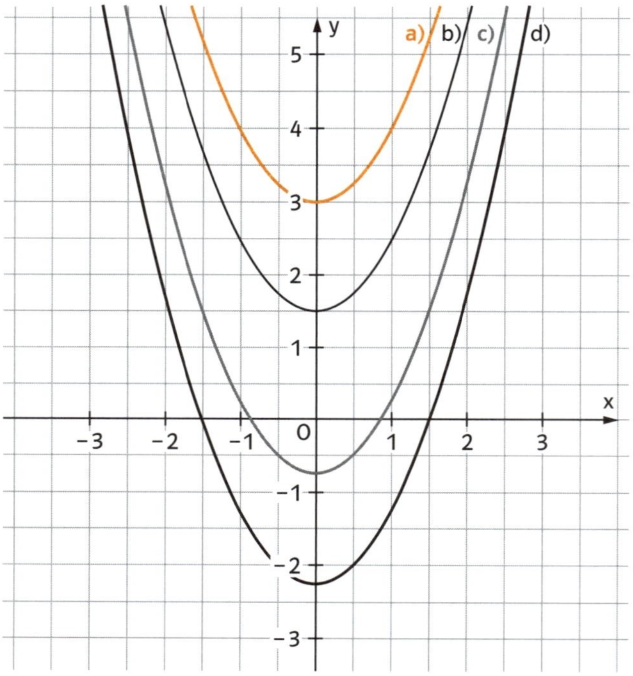

a) y = _____

b) y = _____

c) y = _____

d) y = _____

3 Kreisen Sie die Punkte ein, die auf der Normalparabel liegen.

A(−4|16) $\qquad$ B(0|4) $\qquad$ C(3|9)

D(−1|5) $\qquad$ E(1|1)

F(0,5|0,25) $\qquad$ G(2|8)

Die anderen drei Punkte liegen auf einer verschobenen Normalparabel.
Wie heißt die Funktionsgleichung?

y = _____

4 Füllen Sie die Lücken mit den Zahlen der Kärtchen, sodass die Punkte auf der Normalparabel liegen.

Kärtchen: 4 $\quad$ √30 $\quad$ 0,64 $\quad$ 2,25 $\quad$ 10,24 $\quad$ −√5 $\quad$ −6 $\quad$ 1,1

P(−2|____) $\qquad$ Q(____|36) $\qquad$ R(0,8|____) $\qquad$ T(____|1,21)

U(−1,5|____) $\qquad$ V(____|30) $\qquad$ W(3,2|____) $\qquad$ X(____|5)

5 Die Parabel einer quadratischen Funktion mit der Gleichung $y = x^2 + c$ verläuft durch den angegebenen Punkt. Geben Sie die zugehörige Funktionsgleichung an.

a) P(2 | 9)

▢ = ▢² + c

____ = c , also y = ____ x²

b) Q(−2 | −5)

▢ = ▢² + c

_____

c) R(−4|0)

_____

_____

1 Die Wertetabelle gehört zu einer quadratischen Funktion. Zeichnen Sie ihr Schaubild. Ordnen Sie die passende Funktionsgleichung zu.

a) y = _____

x	−2	−1	0	1	2
y	2	0,5	0	0,5	2

b) y = _____

x	−2	−1	0	1	2
y	−4	−1	0	−1	−4

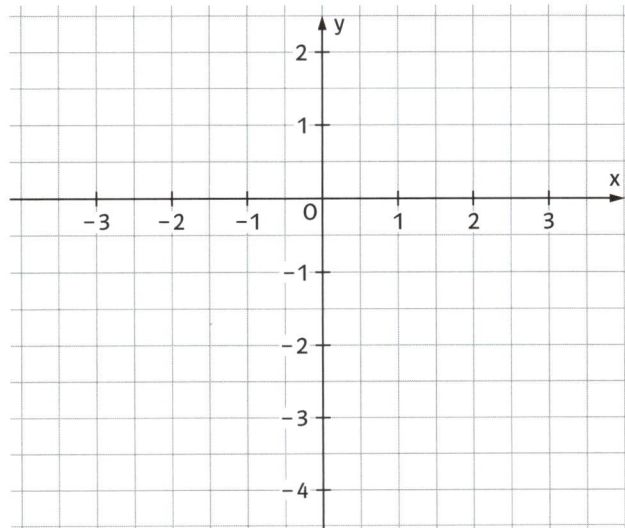

2 Ordnen Sie jeder Funktionsgleichung den passenden Graphen zu.

a) y = − 0,5 x² + 3 ▢

b) y = $\frac{1}{3}$ x² ▢

c) y = x² − 2 ▢

d) y = − 2 x² + 3 ▢

e) y = − 4 x² + 2 ▢

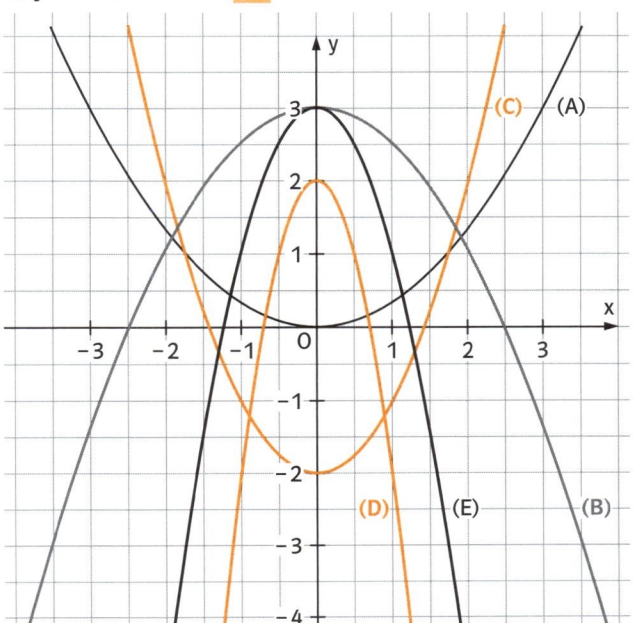

3 Vergleichen Sie Lage und Form des Graphen der vorliegenden Funktion mit der Normalparabel. Kreuzen Sie die Eigenschaften in der Tabelle an und tragen Sie den entsprechenden Wert ein.

	Funktionsgleichung	verschoben um … nach		geöffnet nach		breiter	schmaler
		oben	unten	oben	unten		
a)	y = 5 x² − 1		1 Längeneinheit	⊗	○	○	○
b)	y = $\frac{1}{4}$ x² + 5			○	○	○	○
c)	y = − 2 x²			○	○	○	○
d)	y = − $\frac{1}{2}$ x² + 0,3			○	○	○	○
e)	y = − x² − 5			○	○	○	○

4 Verbinden Sie jeden Punkt mit dem Graphen, auf dem er liegt.
Tipp: Auf einem der Graphen liegen zwei Punkte.

a) y = 1,5 x² − 2

b) y = − 3 x² + 5

c) y = − x² + 2

d) y = $\frac{1}{2}$ x² − 4

A(−4 | 4)

B(2 | 4)

C(−1 | 2)

D(−2 | −2)

E(6 | 14)

5 P liegt auf dem Graphen der Funktion y = a x² + c. Bestimmen Sie die Funktionsgleichung.

a) c = − 3; P(1 | 2)

___ = a · ▢ ² − 3

a = _____

y = _____

b) a = $\frac{1}{2}$; P(−4 | 10)

_____

_____

c = _____

y = _____

1 Das Schaubild zeigt verschobene Normalparabeln. Lesen Sie die Koordinaten des Scheitelpunkts am Graphen ab und geben Sie die Funktionsgleichung in Scheitelpunktform an.

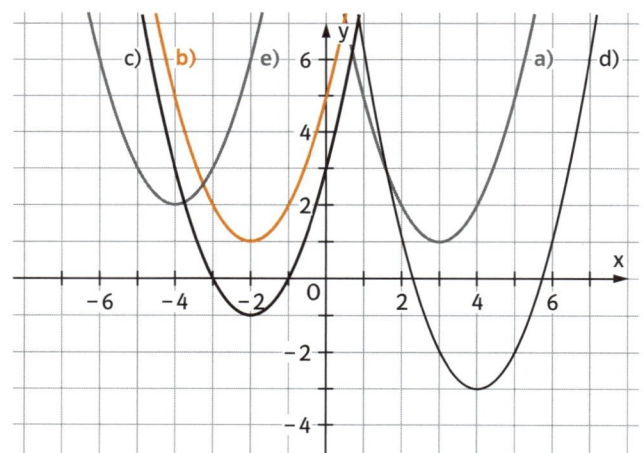

a) S(__3__ | __1__)   y = (x __– 3__)² __+ 1__

b) S(____ | ____)   y = (x ____)² ____

c) S(____ | ____)   y = (x ____)² ____

d) S(____ | ____)   y = (x ____)² ____

e) S(____ | ____)   y = (x ____)² ____

2 Welche Punkte liegen auf dem Graphen?

a) $y = (x + 1)^2 - 6$ b) $y = -x^2 - x$

$P(-1|-6)$ $Q(0|0)$ $R(-2,5|-3,75)$ $S(1|-2)$ $T(2|-6)$

Die Punkte _____ liegen auf der Parabel a),

die Punkte _____ liegen auf der Parabel b).

3 Zu jeder Funktionsgleichung mit $y = x^2 + px + q$ gehört eine Gleichung in Scheitelpunktform. Verbinden Sie die Paare.

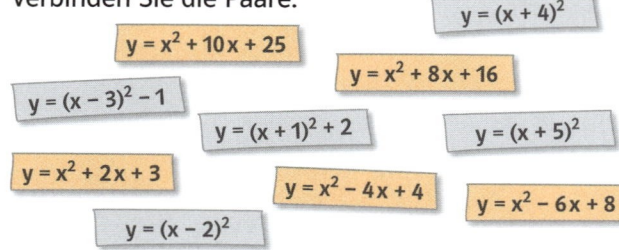

$y = (x + 4)^2$
$y = x^2 + 10x + 25$
$y = x^2 + 8x + 16$
$y = (x - 3)^2 - 1$
$y = (x + 1)^2 + 2$
$y = (x + 5)^2$
$y = x^2 + 2x + 3$
$y = x^2 - 4x + 4$
$y = x^2 - 6x + 8$
$y = (x - 2)^2$

4 Wandeln Sie in die Scheitelpunktform um und bestimmen Sie den Scheitelpunkt.

a) $y = x^2 + 6x + 10$ | __– 10__

y __– 10__ $= x^2 + 6x$ | __+ (____)²__   quadratische Ergänzung

_____ | ____

y = (x ____)² ____   binomische Formel

S(____ | ____)   Scheitelpunktform

b) $y = x^2 - 12x + 16$ | ____

_____ | ____

_____ | ____

y = _____

S(____ | ____)

5 Geben Sie die Koordinaten des Scheitelpunkts an. Stellen Sie dann die Funktionsgleichung in Scheitelpunktform auf. Wandeln Sie sie in die Form $y = x^2 + px + q$ um.

a) Die Normalparabel wurde um 5 LE nach rechts und um 2,5 nach unten verschoben.

S(____ | ____)   y = (x ____)² ____

y = x² _____

b) Die Normalparabel wurde um 1,1 LE nach links und 11 nach oben verschoben.

S(____ | ____)   y = (x ____)² ____

y = x² _____

Schnittpunkt

Mathematik für die Berufsfachschule

Lösungen zum Arbeitsheft Grundlagen 2

Daten
Absolute und relative Häufigkeit, Seite 2

1

a) Siehe Tabelle 1 unten.
b) Nicht zufrieden oder sogar enttäuscht waren 40 % der Befragten.
c) 250 Frauen

2

An der Befragung haben 400 Kinder teilgenommen.
Die relativen Häufigkeiten der Lieblingsspeisen sind

Pommes frites: $\frac{11}{40}$;　　Spaghetti: $\frac{10}{40} = \frac{1}{4}$

Eis: $\frac{6}{40} = \frac{3}{20}$;　　Schokopudding: $\frac{7}{40}$

Pizza: $\frac{4}{40} = \frac{1}{10}$;　　andere: $\frac{2}{40} = \frac{1}{20}$

Im Kreisdiagramm entspricht jeder Strich der relativen Häufigkeit $\frac{1}{40}$.

3

a)

Anzahl der Autos	148	149	150	151	152	153
absolute Häufigkeit	5	9	4	8	3	1
relative Häufigkeit	$\frac{1}{6}$	$\frac{3}{10}$	$\frac{2}{15}$	$\frac{4}{15}$	$\frac{1}{10}$	$\frac{1}{30}$

b) Es wurden mindestens 148 und höchstens 153 Autos pro Tag gefertigt.
c) Die Spannweite beträgt 5, der Zentralwert 150 Autos.
d) Das Werk hat die vorgegebene Norm von durchschnittlich 150 Autos pro Tag fast erreicht, da der Mittelwert 149,93 beträgt.

Daten darstellen, Seite 3

1

a) In der Tabelle werden ergänzt:
Blau: 9　　　　Schwarz: 3　　　　Grün: 3

b)

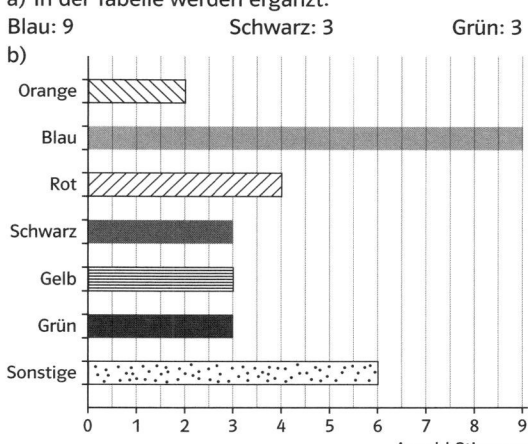

c)

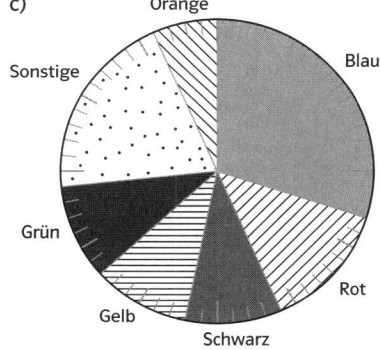

	sehr zufrieden	zufrieden	überwiegend zufrieden	nicht zufrieden	enttäuscht	Summe	Tabelle 1
absolute Häufigkeit	120	216	264	242	158	1000	
relative Häufigkeit	$\frac{120}{1000} = 0,12$	$\frac{216}{1000} = 0,216$	$\frac{264}{1000} = 0,264$	$\frac{242}{1000} = 0,242$	$\frac{158}{1000} = 0,158$	1	
relative Häufigkeit in %	12 %	21,6 %	26,4 %	24,2 %	15,8 %	100 %	

2

a)

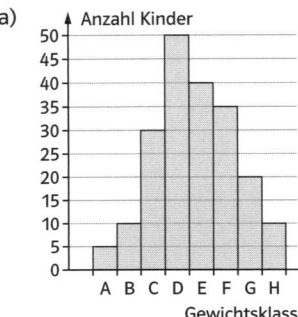

b) Die Summe der Prozentsätze im Kreisdiagramm muss 100 %
betragen. Zu gleichen Prozentsätzen zeichnet man immer
gleich große Winkel.
25 % entsprechen 90°; 10 % entsprechen 36° und
1 % entspricht 3,6°.
c) Gewichtsklasse B: $\frac{10}{200}$ = 5 %; 18°

Gewichtsklasse C: 15 %; 54°   Gewichtsklasse D: 25 %; 90°

Gewichtsklasse E: 20 %; 72°   Gewichtsklasse F: 17,5 %; 63°

Gewichtsklasse G: 10 %; 36°   Gewichtsklasse H: 5 %; 18°

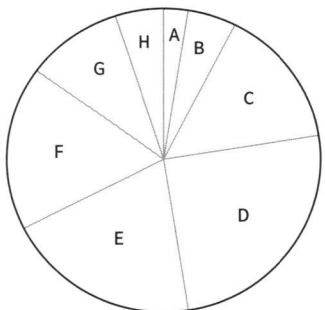

Kenngrößen, Seite 4

1

a) und b)

	++	+	○	–	– –
Größe der Zimmer	12	24	㉜	20	11
Zimmerservice	2	㊽	32	10	7
Qualität des Essens	22	㉟	23	15	4
Service im Restaurant	15	26	㉞	18	6
Rezeptionsservice	8	18	㊼	19	7

2

a) Minimum: 4   Spannweite: 28   Maximum: 32
Zentralwert: 14   arithmetisches Mittel: 17,52
b) (4 · 1 + 8 · 2 + 10 · 3 + 12 · 1 + 13 · 1 + 14 · 3 + 15 · 1 + 21 · 1
+ 22 · 1 + 23 · 1 + 24 · 2 + 28 · 1 + 30 · 1 + 32 · 2) : 21 = 368 : 21
= 17,52

3

a) Es wurden in der letzten Woche insgesamt x + 35 € + 25 €
+ 10 € + 2 € = x + 72 € ausgegeben. Da der Mittelwert der
einzelnen Ausgaben der vier Familienmitglieder bei 50 € liegt,
wurden insgesamt 200 € ausgegeben; damit hat der Vater
128 € für sein Hobby ausgegeben.
b) 25 €

c) Da der Vater beträchtlich mehr als die anderen Familienmitglieder für sein Hobby ausgegeben hat, ist der Mittelwert bei
der Beschreibung (oder Überlegungen zu einer möglichen
Senkung) der Ausgaben nicht sonderlich aussagekräftig. Die
Betrachtung des Maximums entkräftet die Aussage des Vaters.

4

a) Das Taschengeld von Ayse beträgt
98 € – (10 + 9 + 10 + 7 + 30 + 16) € = 16 €

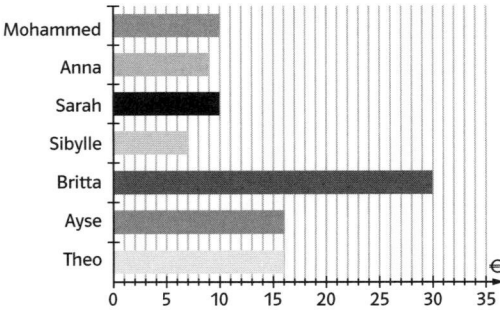

b) Im Durchschnitt bekommt jede/r der Freunde
98 € : 7 = 14 €.
c) Der Zentralwert der Zahlen 7; 9; 10; 10; 16; 16; 30 ist 10.
Der Abstand zwischen dem Zentralwert und dem
Durchschnitt beträgt 4 €.

Boxplot (1), Seite 5

1

a) Insgesamt wurden 21 Frauen und 22 Männer befragt.
b)

	Minimum	unteres Quartil	Zentral-wert	oberes Quartil	Maximum
Frauen	0	2	3	4	9
Männer	0	3	4,5	6	12

c)

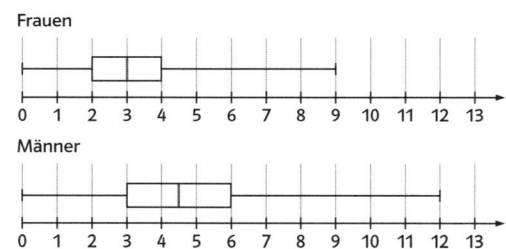

2

a) Summe: 2 000; Minimum: 60 km (1. Monat);
Maximum: 300 km (9. Monat)
b) Rangliste Plätze 1 bis 12

Berechnung unteres Quartil: 12 · $\frac{1}{4}$ = 3

Mittelwert: (80 + 80) : 2 = 80
c) Zentralwert: 12 · $\frac{1}{2}$ = 6; Mittelwert: (120 + 180) : 2 = 150
d) Berechnung oberes Quartil: 12 · $\frac{3}{4}$ = 9

Mittelwert: (240 + 260) : 2 = 250
e)

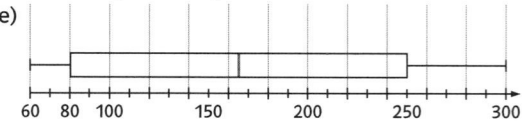

3

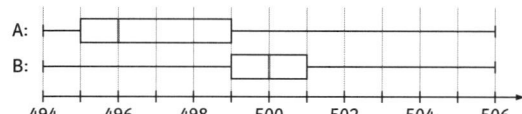

Maschine B; sie hat viel mehr Verpackungen, die genau 500 Blatt oder ein bis zwei Blätter Abweichung haben, und der Zentralwert liegt näher bei 500.

Boxplot (2), Seite 6

4
a)

0	0	1	1	2	2	2	3	3	4
4	4	5	6	7	7	8	8	9	9
10	12	12	13	15	16	17	18	19	20
23	24	24	36	40	44	48	52	56	68

b)

Mini-mum	Maxi-mum	Spann-weite	unteres Quartil	oberes Quartil	Zentral-wert
0	68	68	4	21,5	9,5

c)

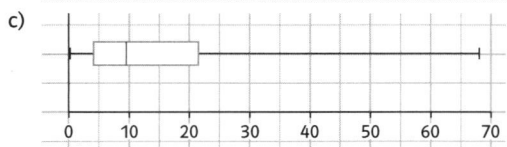

d) Die erste, zweite und fünfte Aussage sind richtig.

5

	Zentral-wert	oberes Quartil	Maxi-mum	Mini-mun	unteres Quartil	Quartil-abstand	Spann-weite
a)	31	35	42	12	21	14	30
b)	17	20	32	5	16	4	27
c)	19	20	40	0	16	4	40
d)	9	13	20	1	3	10	19

a)

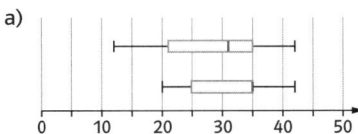

b)

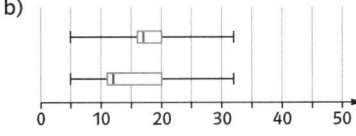

c)

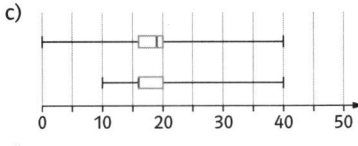

d)

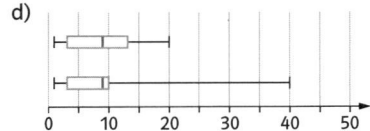

Wahrscheinlichkeiten
Wahrscheinlichkeiten bestimmen, Seite 7

1
a) $\frac{1}{3}$ b) $\frac{1}{6}$ c) $\frac{1}{2}$ d) $\frac{1}{10}$

2
a) Im Gefäß befinden sich sechs gelbe Kugeln, zwei weiße und vier rote Kugeln.

b) $\frac{3}{11}$ c) $\frac{3}{9} = \frac{1}{3}$

3
a) $\frac{1}{6}$; $0,1\overline{6}$; $16,\overline{6}\,\%$ b) $\frac{1}{20}$; $0,05$; $5\,\%$

c) $\frac{1}{7}$; $0,14286$; $14,3\,\%$ d) $\frac{1}{7}$; $0,14286$; $14,3\,\%$

e) z. B. mit einer Münze „Zahl" zu werfen; $0,5$; $50\,\%$

4
a) $\frac{1}{16}$ b) $\frac{1}{4}$ c) $\frac{11}{16}$

d) etwa 31-mal Hauptgewinn, 125-mal Trostpreis, 344-mal Niete

5
a) $\frac{1}{4}$

b) 13-mal eine orange Kugel, 10-mal eine graue und 28-mal eine weiße Kugel. (gerundete Werte, deshalb Summe 51)

Einstufige Zufallsversuche, Seite 8

1
a) A, B und C sind Zufallsgeräte, D und E sind keine.
b) Bei A und C sind die Ergebnisse gleich wahrscheinlich.

2
a) 6 Kugeln werden grün gefärbt, 4 Kugeln werden rot gefärbt und 2 Kugeln bleiben weiß.
b) und c)

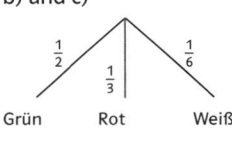

Grün	Rot	Weiß
50 %	33,3 %	16,7 %

3
a)

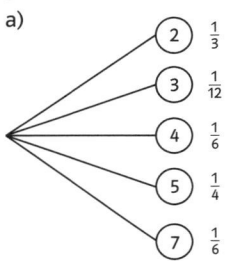

b) Baumdiagramm: Die zwei oberen Äste zeigen die Gewinnpfade von Hanno und werden rot gefärbt.
Glücksrad: Die Felder, welche 2 oder 3 anzeigen, sind die Gewinnfelder von Hanno. Diese werden rot gefärbt. (Davon gibt es fünf Stück.)
c) Jörg hat die besseren Gewinnchancen: $\frac{7}{12}$.
d) Hanno; $\frac{5}{12}$

4

Wahrschein-lichkeit	mögliche Ergebnisse	günstige Ergebnisse	Wahrschein-lichkeit
a)	20	5	$\frac{1}{4} = 25\%$
b)	20	15	$\frac{3}{4} = 75\%$
c)	18	1	$\frac{1}{18} = 5,5\%$
d)	16	1	$\frac{1}{16} = 6,25\%$

5

a) $P(\text{Orange}) = \frac{5}{20} = \frac{1}{4} = 25\%$

b) $P(\text{gerade Zahl}) = \frac{10}{20} = 50\%$

c) $P(\text{Zahl kleiner 7}) = \frac{6}{20} = \frac{3}{10} = 30\%$

d) $P(\text{Grau oder Weiß}) = \frac{15}{20} = \frac{3}{4} = 75\%$

e) $P(\text{Buchstabe}) = 0 = 0\%$

f) $P(\text{Zahl teilbar durch 5}) = \frac{4}{20} = \frac{1}{5} = 20\%$

g) $P(\text{nicht 3}) = \frac{19}{20} = 95\%$

h) $P(\text{Grün}) = 0 = 0\%$

Zweistufige Zufallsversuche (1), Seite 9

1

a) und b) Siehe Figur 1 unten.

b) $P(\text{Weiß, Weiß}) = \frac{1}{4} = 25\%$; $\qquad P(\text{Grau, Grau}) = \frac{9}{64} = 14,06\%$;

$P(\text{Orange, Orange}) = \frac{1}{64} = 1,56\%$

2

a) Siehe Figur 2 unten.

b) Wahrscheinlichkeit

– zweimal Weiß zu würfeln: $\frac{1}{6} \cdot \frac{1}{6} = \frac{1}{36} = 2,8\%$

– zweimal Orange zu würfeln: $\frac{1}{2} \cdot \frac{1}{2} = \frac{1}{4} = 25\%$

– beim zweiten Mal Grau zu würfeln: $1 \cdot \frac{1}{3} = \frac{1}{3} = 33,3\%$

3

Siehe Figur 3 unten.

a) bei Trommel C $\qquad\qquad$ b) $\frac{3+3+4}{20+30+10} = \frac{10}{60} = \frac{1}{6}$

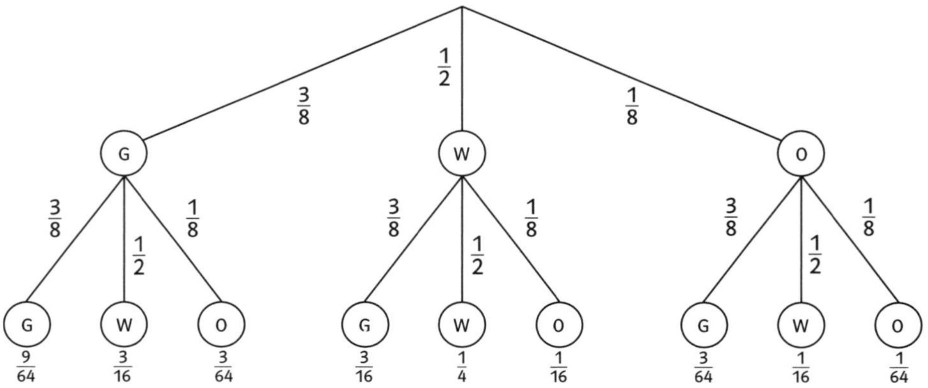

Figur 1

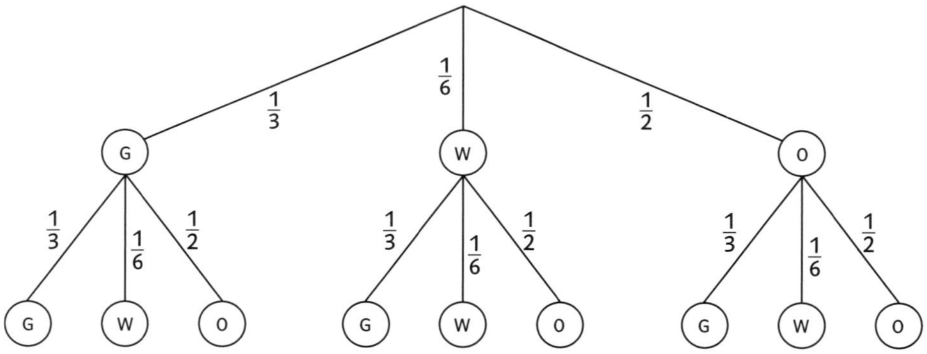

(Baumdiagramm)

Erste Stufe: $\frac{3}{8}$ → G, $\frac{1}{2}$ → W, $\frac{1}{8}$ → O

G: $\frac{3}{8}$ → G $\left(\frac{9}{64}\right)$, $\frac{1}{2}$ → W $\left(\frac{3}{16}\right)$, $\frac{1}{8}$ → O $\left(\frac{3}{64}\right)$

W: $\frac{3}{8}$ → G $\left(\frac{3}{16}\right)$, $\frac{1}{2}$ → W $\left(\frac{1}{4}\right)$, $\frac{1}{8}$ → O $\left(\frac{1}{16}\right)$

O: $\frac{3}{8}$ → G $\left(\frac{3}{64}\right)$, $\frac{1}{2}$ → W $\left(\frac{1}{16}\right)$, $\frac{1}{8}$ → O $\left(\frac{1}{64}\right)$

Figur 2

(Baumdiagramm)

Erste Stufe: $\frac{1}{3}$ → G, $\frac{1}{6}$ → W, $\frac{1}{2}$ → O

G: $\frac{1}{3}$ → G, $\frac{1}{6}$ → W, $\frac{1}{2}$ → O

W: $\frac{1}{3}$ → G, $\frac{1}{6}$ → W, $\frac{1}{2}$ → O

O: $\frac{1}{3}$ → G, $\frac{1}{6}$ → W, $\frac{1}{2}$ → O

Figur 3

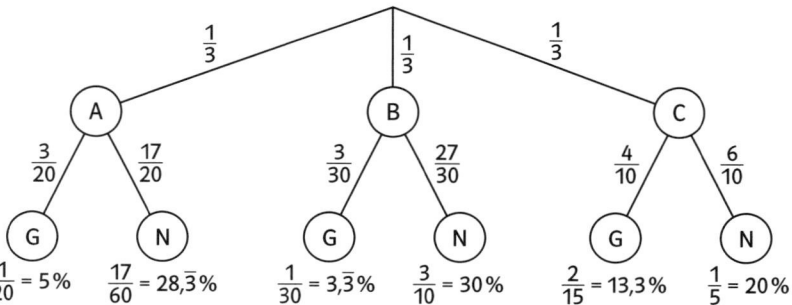

Erste Stufe: $\frac{1}{3}$ → A, $\frac{1}{3}$ → B, $\frac{1}{3}$ → C

A: $\frac{3}{20}$ → G $\left(\frac{1}{20} = 5\%\right)$, $\frac{17}{20}$ → N $\left(\frac{17}{60} = 28,\overline{3}\%\right)$

B: $\frac{3}{30}$ → G $\left(\frac{1}{30} = 3,\overline{3}\%\right)$, $\frac{27}{30}$ → N $\left(\frac{3}{10} = 30\%\right)$

C: $\frac{4}{10}$ → G $\left(\frac{2}{15} = 13,3\%\right)$, $\frac{6}{10}$ → N $\left(\frac{1}{5} = 20\%\right)$

Zweistufige Zufallsversuche (2), Seite 10

4

a) $P(\text{Herz } 8) = \frac{1}{8} = 12,5\,\%$; $P(\text{Bildkarte}) = \frac{3}{8} = 37,5\,\%$

b) $P(\text{Herz } 10; \text{Herz } 7) = \frac{1}{8} \cdot \frac{1}{8} = \frac{1}{64} = 1,56\,\%$

$P(\text{Bildkarte}; \text{Herz Ass}) = \frac{3}{8} \cdot \frac{1}{8} = \frac{3}{64} = 4,69\,\%$

$P(\text{Bildkarte}; \text{Bildkarte}) = \frac{3}{8} \cdot \frac{3}{8} = \frac{9}{64} = 14,06\,\%$

c) $P(\text{zwei gleiche Karten}) = 8 \cdot \frac{1}{8} \cdot \frac{1}{8} = \frac{1}{8} = 12,5\,\%$

5

a) Anzahl der gelben Kugeln: $\frac{1}{3} \cdot 21 = 7$
Anzahl der weißen Kugeln: x
Anzahl der roten Kugeln: x + 2
x + (x + 2) + 7 = 21
$\qquad\qquad$ 2x = 12
$\qquad\qquad\quad$ x = 6
Es sind 7 gelbe, 6 weiße und 8 rote Kugeln im Gefäß.
b) Beim nächsten Zug befinden sich insgesamt 20 Kugeln im Gefäß, darunter sind 5 weiße Kugeln.
Die Wahrscheinlichkeit, nun eine weiße Kugel zu ziehen, beträgt $\frac{5}{20} = \frac{1}{4}$.
c) Im Gefäß sind nun noch insgesamt 12 Kugeln, nämlich 4 gelbe, 4 rote und 4 weiße Kugeln.
Die Wahrscheinlichkeit für den nächsten Zug, eine bestimmte Farbe zu ziehen, ist für alle Farben gleich, sie beträgt $\frac{1}{3}$.

6

a)

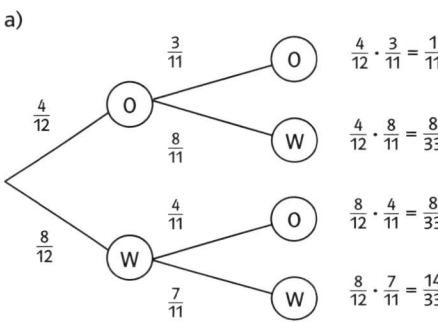

b)

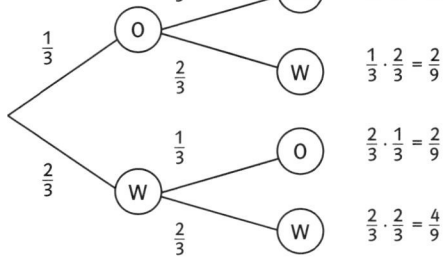

Lineare Funktionen
Funktionen, Seite 11

1
Lösungswort: Hamburg

2

a)

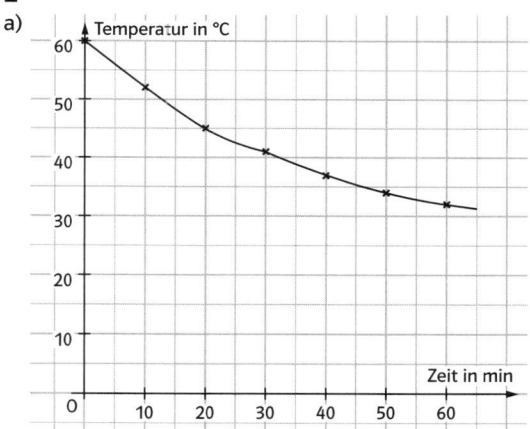

b) Es liegt eine Funktion vor, weil zu jedem Zeitpunkt genau ein Temperaturwert gehört.
c) Die Wassertemperatur wird noch um wenige Grad fallen und sich der Umgebungstemperatur annähern.

3

a) ja $\qquad$ b) nein $\qquad$ c) ja $\qquad$ d) ja $\qquad$ e) nein

4

a) $y = 3x - 1$
b) Für y wird eingetragen: -7; -4; -1; 2; 5; 8
c)

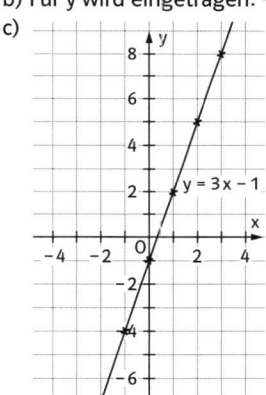

Proportionale Funktionen, Seite 12

1

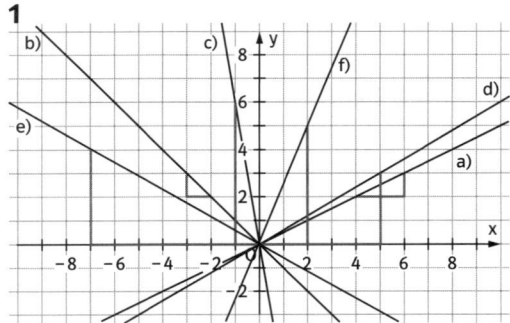

g) Der Graph der Funktion c) ist am steilsten.

h) Der Graph der Funktion a) ist am flachsten.

2

a) $y = \frac{1}{4}x$ b) $y = -\frac{2}{5}x$ c) $y = -\frac{3}{4}x$

d) $y = -4x$ e) $y = \frac{3}{2}x$ f) $y = x$

g) Die Steigung der Funktion e) ist am größten.

h) Die Steigung der Funktion d) ist am kleinsten.

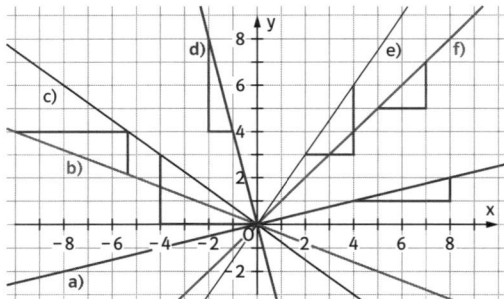

3

a) $Q(-4\,|-4)$; $y = x$ b) $Q(-8\,|-3)$; $y = \frac{3}{8}x$

c) $Q(-4,5\,|\,6)$; $y = -\frac{4}{3}x$ d) $P(-0,5\,|\,3)$; $y = -6x$

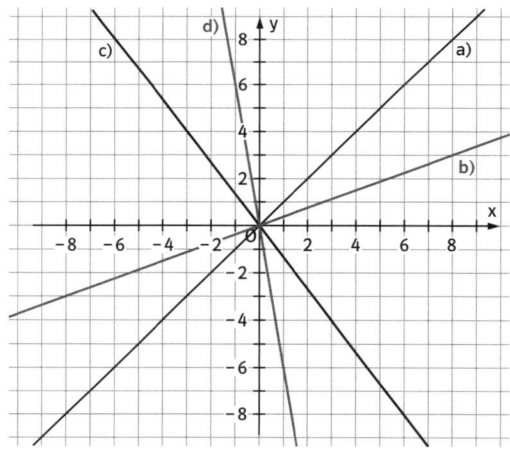

4

a) $y = 1,479x$ 47,25 l kosten 69,88 €.

b) $y = 4,36x$ 2 kg Butter kosten 8,72 €.

c) Keine proportionale Funktion; das Gewicht steigt nicht proportional mit der Anzahl der Jahre.

d) $y = 1,89x$ Eine Banane kostet 0,86 €.

e) $y = 0,21x$ Für sechs Eier muss man 1,26 € bezahlen.

Lineare Funktionen, Seite 13

1

Funktionswert 6; der Punkt $(0\,|\,6)$ liegt auf dem Graphen von $y = 2x + 6$. Die zugehörigen Graphen sind:

c) $y = 2x + 6$ b) $y = -5x - 2$

d) $y = 3x - 11$ e) $y = \frac{1}{2}x + 2$

a) $y = -\frac{2}{3}x + 3$ f) $y = 0x - 5$

2

a) $y = -\frac{1}{2}x + 2$ b) $y = -2,5x - 2,5$ c) $y = 1,5x + 3$

d) $y = \frac{1}{4}x + 5$ e) $y = \frac{1}{3}x - \frac{1}{3}$ f) $y = 5,5x - 17$

3

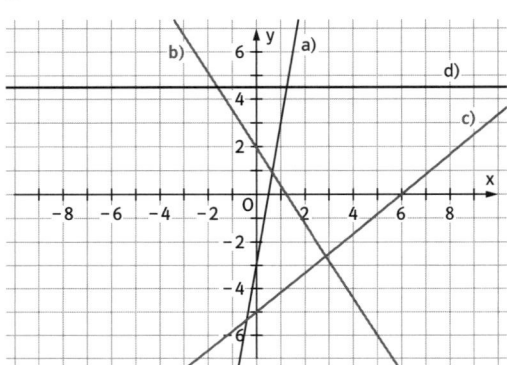

4

a) Aus Graph i.

b) Er kann das Modell für 65 € nach 9 Wochen, das Modell für 70 € nach 12 Wochen kaufen.

c) $y = 5x + 20$

d) Graph g: $y = 40x + 20$;   Graph h: $y = 10x + 20$

Graph k: $y = 2x + 20$

Lösen durch Modellieren I, Seite 14

1

Folgende Aussagen müssen markiert werden.

Realsituation: 5, 13

Mathematisches Modell: 29, 37, 41, 43

Mathematische Ergebnisse: 53

Reale Ergebnisse: 83

2

a) Reihenfolge: D, L, G, H   b) Reihenfolge: B, F, C, E

Übrig bleiben die Karten A und K.

Lineare Gleichungssysteme
Lineare Gleichungen mit zwei Variablen, Seite 15

1

a) bis h) Das Zahlenpaar (3; 4) ist Lösung der Gleichungen:

a), c), d), f) und g).

i) Die Gleichungen b), e) und h) werden von (3; 4) nicht gelöst.

Neue Gleichungen nach Änderung der Zahl ohne Variable:

b) $y + 3x = 13$;   e) $3y - 16,2x = -36,6$;   h) $y - 1,25x = 0,25$

j) Die Gleichungen werden zunächst nach y aufgelöst:

b) $y = -3x + 13$;   e) $y = 5,4x - 12,2$;   h) $y = 1,25x + 0,25$

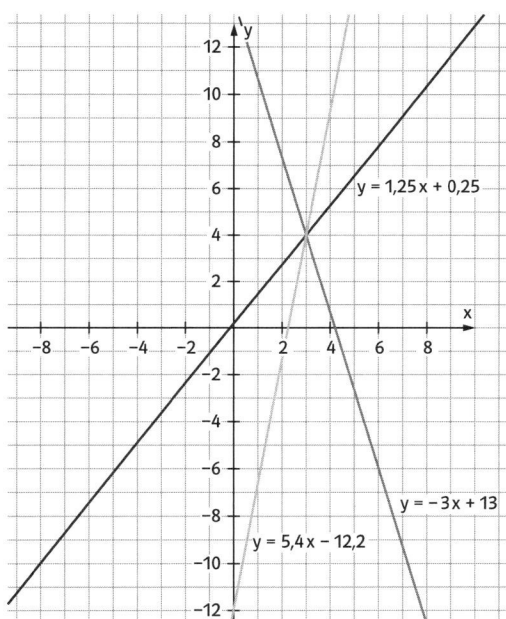

y = 1,25 x + 0,25

y = −3x + 13

y = 5,4x − 12,2

2

Lösungswort: LINEAR

(1; 2,6) A   (5; 5) E $\left(11\frac{2}{3}; 9\right)$ I

(12; 9,2) L   (20; 14) N $\left(18; 12\frac{4}{5}\right)$ R

3

b) y = −5x − 2   c) y = 2x + 6   d) y = 3x − 11

e) $y = \frac{1}{2}x + 2$ f) y = −5

4

a) Gleichung: 4x + 2y = 22 (x steht für Hasen, y für Hühner)

Anzahl Hasen	5	4	3	2	1	0
Anzahl Hühner	1	3	5	7	9	11

b) Fliegen (Insekten) mit 6 Beinen und Spinnen mit 8 Beinen

Anzahl Insekten	12	8	4	0
Anzahl Spinnen	0	3	6	9

Lineare Gleichungssysteme (1), Seite 16

1

(1; −1) gehört zum ersten Gleichungssystem.
(4; −1) gehört zum zweiten Gleichungssystem.
(2; 2,5) gehört zum dritten Gleichungssystem.
(−3; −2) gehört zum vierten Gleichungssystem.
$\left(\frac{3}{4}; -\frac{5}{2}\right)$ bleibt übrig.

2

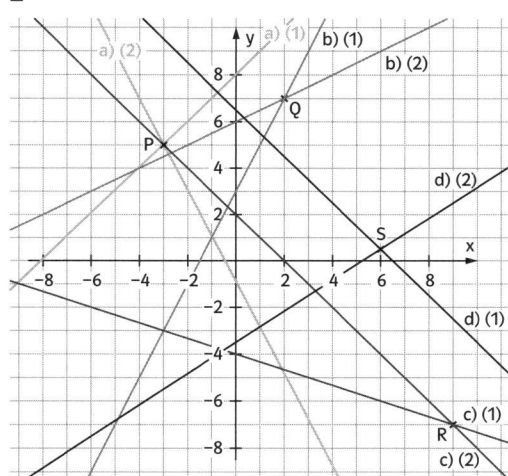

b) Q(2 | 7)
Probe: 7 = 2 · 2 + 3;   7 = 0,5 · 2 + 6
c) R(9 | −7)
Probe: $-7 = -\frac{1}{3} \cdot 9 - 4$;   −7 = −9 + 2
d) $S\left(6 \middle| \frac{1}{2}\right)$
Probe: $\frac{1}{2} = -6 + 6{,}5$; $\frac{1}{2} = \frac{2}{3} \cdot 6 - \frac{7}{2}$

3

Lösungswort: POINT
Den Punkt P (−6 | −4) als Lösung haben a), c), e), f) und h).

4

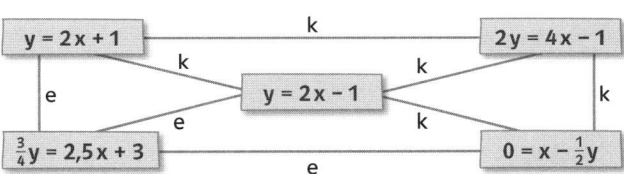

5

x steht für die Anzahl der Eistaucher und y für die Anzahl der Eisbären.
(1): 2x + 4y = 32
(2): x + y = 12
Es leben dort 8 Eistaucher und 4 Eisbären.

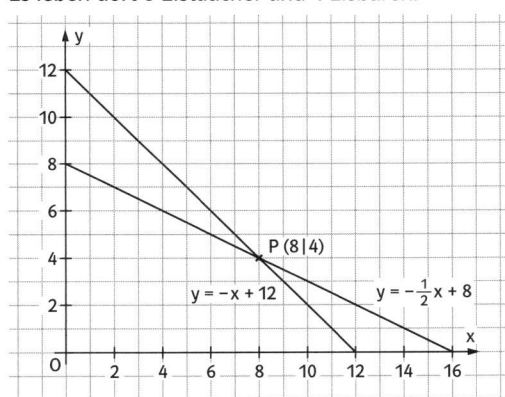

y = −x + 12   P (8 | 4) $y = -\frac{1}{2}x + 8$

Lineare Gleichungssysteme (2), Seite 17

6

x steht für die Anzahl der Sechser.

(1) $x + y = 13$ und (2) $6x + 8y = 88$

(1') $y = 13 - x$ und (2') $y = -\frac{3}{4}x + 11$

In Timos Kiste liegen 8 Sechser und 5 Achter.

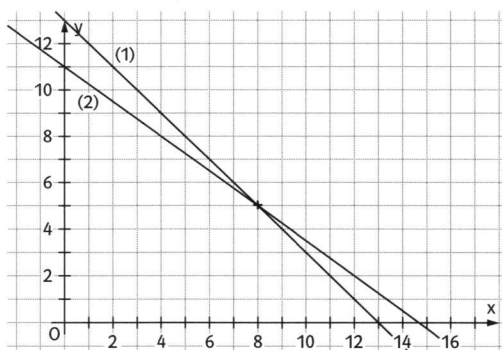

7

Mögliche Veränderungen:

a) (1) $y = 3x - 2$ oder (2) $y = 3x + 4$

b) (1) $y = 2x - 3$ oder (2) $y = -4x + 3$

c) Beliebige Änderung der Steigung einer der beiden Gleichungen, so dass sie nicht mehr identisch sind (bisher sind beide Gleichungen: $y = 5x + 3$). Zum Beispiel (2) $y = 2,5x + 3$

8

a) Damit die Gleichungen vergleichbar sind, muss die Variable x in beiden für das Gleiche stehen: Man wählt x für die Anzahl der (vollen) Stunden.

(1) $y = 12x + 8$; (2) $y = 15x + 2$

b)

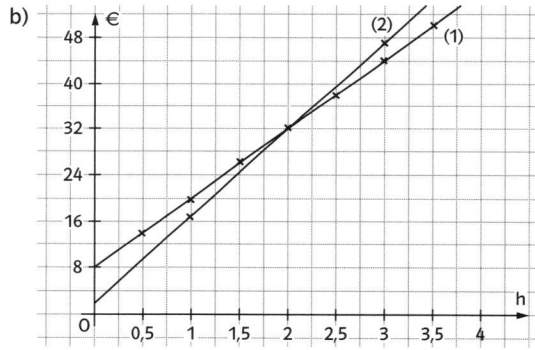

c) 2; 32

9

umgeformte Gleichungen:

(2) $y = x$ (3) $y = \frac{3}{2}x + 3$ (4) $y = 1,5x + 2$

(1) mit (2): e   (1) mit (3): k

(1) mit (4): k   (2) mit (3): e

(2) mit (4): e   (3) mit (4): u

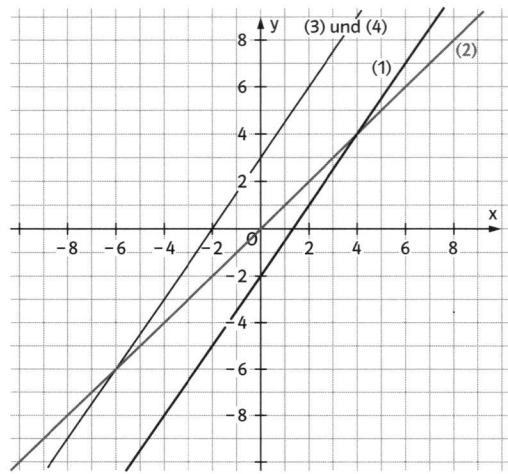

Lösen durch Gleichsetzen, Seite 18

1

a) Korrektur: $x = 1$ $y = 4 \cdot 1 + 2$ $y = 6$

Probe: $6 = 9 \cdot 1 - 3$ $6 = 9 - 3$ $6 = 6$

b) Korrektur: $x = -2 \cdot (-5) + 14$ $x = 10 + 14$ $x = 24$

Probe: $24 = 3 \cdot (-5) + 39$ $24 = -15 + 39$ $24 = 24$

2

a)

1 (1') $y = 8 - 3x$

2 (1') = (2) $8 - 3x = 2x - 12$ $|+12$ $|+3x$

3 $5x = 20$ $|:5$ 4 $x = 4$

5 (1) $3 \cdot 4 + y = 8$ 6 $12 + y = 8$ $|-12$

7 $y = -4$ 8 Probe mit (2) $-4 = 2 \cdot 4 - 12$

9 $-4 = 8 - 12$ 10 $-4 = -4$

b)

1 (2') $0,6x - 3y - 0,6 = 0$

2 (1) - (2') $3y + 0,6 + 2y = 4,4$

3 $5y + 0,6 = 4,4$ $|-0,6$ 4 $5y = 3,8$ $|:5$

5 $y = 0,76$ 6 (1) $0,6x + 2 \cdot 0,76 = 4,4$

7 $0,6x + 1,52 = 4,4$ $|-1,52$

8 $0,6x = 2,88$ $|:0,6$ 9 $x = 4,8$

10 Probe mit (2) $0,6 \cdot 4,8 = 3 \cdot 0,76 + 0,6$

11 $2,88 = 2,88$

3

(1) $y = \frac{3}{2}x + 3$

(2) $y = 3x - 2$

(1) = (2) $\quad \frac{3}{2}x + 3 = 3x - 2 \qquad | - 3x$

$\qquad -\frac{3}{2}x + 3 = -2 \qquad | - 3$

$\qquad -\frac{3}{2}x = -5 \qquad \left| \left(-\frac{2}{3}\right)\right.$

$\qquad x = \frac{10}{3}$

Einsetzen von x in (1): $\qquad$ Probe mit (2):

$\qquad y = \frac{3}{2} \cdot \frac{10}{3} + 3 \qquad\qquad 8 = 3 \cdot \frac{10}{3} - 2$

$\qquad y = 5 + 3 \qquad\qquad\qquad 8 = 10 - 2$

$\qquad y = 8 \qquad\qquad\qquad\quad 8 = 8$

Lösen durch Addieren, Seite 19

1

a) (1) $4x + 2y = 28 \qquad$ Setze x in (1) ein:

$\quad$ (2) $3x - 2y = 14 \qquad$ (1) $4 \cdot 6 + 2y = 28$

$\quad$ (1+2) $\quad 7x = 42 \qquad\qquad 24 + 2y = 28$

$\qquad\qquad x = 6 \qquad\qquad\qquad 2y = 4$

$\qquad\qquad\qquad\qquad\qquad\qquad y = 2$

Probe mit Gleichung (2):

(2) $3 \cdot 6 - 2 \cdot 2 = 14$

$\qquad 18 - 4 = 14$

$\qquad 14 = 14$

b) (1) $\quad 6x + 4y = 38 \qquad$ Setze x in (1) ein:

$\quad$ (2) $\quad 2x + 2y = 8 \qquad$ (1) $6 \cdot 11 + 4 \cdot y = 38$

$\quad$ (1) $\quad 6x + 4y = 38 \qquad\qquad 66 + 4y = 38$

$\quad$ (2) $\quad -4x - 4y = -16 \qquad\qquad 4y = -28$

$\quad$ (1+2) $\quad 2x = 22 \qquad\qquad\qquad y = -7$

$\qquad\qquad\qquad x = 11$

Probe mit Gleichung (2):

(2) $2 \cdot 11 + 2 \cdot (-7) = 8$

$\qquad 22 + (-14) = 8$

$\qquad\qquad 8 = 8$

2

a) (1) $5x + 4y = 23$

b) (2) $-7y - 4x = 31$

c) (1) $-23 = -2x + 4y$

3

Die Variable x steht für die Anzahl der Milchfinger und y für die Anzahl der Erdbeerhände.

(1) $\quad 1,20x + 1,50y = 18 \qquad | \cdot 5$

(2) $\quad 1,50x + 1,20y = 17,1 \quad | \cdot (-4)$

Umgeformt: $\qquad\qquad$ Zweite Variable:

(1') $\quad 6x + 7,5 \cdot y = 90 \qquad 1,20x + 1,50 \cdot 8 = 18$

(2') $\quad -6x - 4,8y = -68,4 \qquad 1,20x + 12 = 18$

(1'+2') $\quad 2,7y = 21,6 \qquad\qquad 1,20x = 6$

$\qquad\qquad y = 8 \qquad\qquad\qquad x = 5$

Lösung: $x = 5$ und $y = 8$

Eigentlich soll Wilhelm 5 Milchfinger und 8 Erdbeerhände holen.

4

a)

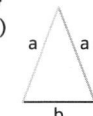 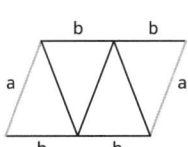 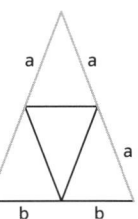

b) (1) $2a + 4b = 46$

$\quad$ (2) $4a + 2b = 50$

c) Schenkellänge: 9 cm; $\qquad$ Basislänge: 7 cm

Lösen mit verschiedenen Verfahren, Seite 20

1

(1) $7x + 5y = 26,5$

(2) $3x - 5y = 18,5$

(1) + (2): $10x = 45$

$x = 4,5$

Setze x in (1) ein:

(1) $7 \cdot 4,5 + 5y = 26,5$

$\qquad 31,5 + 5y = 26,5$

$\qquad\qquad 5y = -5$

$\qquad\qquad\quad y = -1$

Probe mit Gleichung (2):

(2) $3 \cdot 4,5 - 5 \cdot (-1) = 18,5$

$\qquad 13,5 + 5 = 18,5$

$\qquad\qquad 18,5 = 18,5$

2

(1) $23x + 7y = 29$

(2) $23x = 2y + 110$

(2) in (1): $2y + 110 + 7y = 29$

$\qquad\qquad 9y + 110 = 29 \qquad | - 110$

$\qquad\qquad\qquad 9y = -81 \qquad | : 9$

$\qquad\qquad\qquad\quad y = -9$

x mit (1):

$\qquad 23x + 7 \cdot (-9) = 29$

$\qquad 23x - 63 = 29 \qquad | + 63$

$\qquad 23x = 92 \qquad | : 23$

$\qquad\qquad x = 4$

Probe in (2): $23 \cdot 4 = 2 \cdot (-9) + 110$

$\qquad\qquad 92 = -18 + 110$

$\qquad\qquad 92 = 92$

3

(1) $4x - 6 = 7y$

(2) $7y = 2x - 10$

(1) = (2): $4x - 6 = 2x - 10 \qquad | + 6$

$\qquad\qquad 4x = 2x - 4 \qquad | - 2x$

$\qquad\qquad 2x = -4 \qquad | : 2$

$\qquad\qquad x = -2$

y mit (1): $4 \cdot (-2) - 6 = 7y$

$\qquad\qquad -8 - 6 = 7y$

$\qquad\qquad -14 = 7y \qquad | : 7$

$\qquad\qquad -2 = y$

Probe in (2): $7 \cdot (-2) = 2 \cdot (-2) - 10$

$\qquad\qquad -14 = -4 - 10$

$\qquad\qquad -14 = -14$

4

a) Es gibt zwei Veränderungen (an einer Stelle), die möglich sind:
(1) $y = 4x - 2$ oder (2) $y = 4x + 5$.
b) Damit es keine Lösung gibt, müssen beide Gleichungs-
geraden parallel zueinander sein (also $m_1 = m_2$ und $b_1 \neq b_2$).
Dafür müssen auch die Vielfachen einer Gleichung in Betracht
gezogen werden; z.B. (1) $y = 2x - 2$ oder (2) $y = -5x - 3$
c) Da bei den gegebenen Gleichungen die eine ein Vielfaches
der anderen ist, genügt es, wenn man eine der beiden beliebig
an einer Stelle ändert. Es gibt somit unendlich viele mögliche
Veränderungen; z.B. (2) $y = 2,5x + 1,5$

5

a) Einsetzungsverfahren: (2) $y = 5x - 6$
b) Gleichsetzungsverfahren: (2) $-2x + 5 = y$
c) Einsetzungsverfahren: (2) $y = 4x - 2,5$
d) Einsetzungsverfahren: (anschließend die entstehende
                 Klammer ausmultipliziert)
                 (2) $x = -y + \frac{1}{3}$

6

Zu A gehört (1) + (2) $19y = 152$ und die Lösung $(-6; 8)$.
Zu B gehört (1) + (2) $65x = 325$ und die Lösung $(5; 8)$.
Zu C gehört (1) + (2) $x = 1$ und die Lösung $(1; 7)$.
Zu D gehört (1) + (2) $-18y = 36$ und die Lösung $(7; -2)$.

Lösen durch Modellieren II, Seite 21

1

Folgende Aussagen müssen markiert werden:
Realsituation: 3, 5, 13 (in Aussage 3 sind folgende Werte
einzusetzen: 12,00 €; 8 Glühlampen; 8,00 €)
Mathematisches Modell: 23, 29, 37, 43
Mathematische Ergebnisse: 47
Reale Ergebnisse: 61, 79

2

a) Reihenfolge: E, D, L, G   b) Reihenfolge: I, B, F, C

Quadratische Funktionen
Die quadratische Funktion $y = x^2 + c$, Seite 22

1

a) $S(0 \mid 0)$ b) $S(0 \mid 1)$ c) $S(0 \mid -2)$ d) $S(0 \mid -0,5)$
e) Es werden der Reihe nach eingesetzt: 1; oben; unten;
d); c).

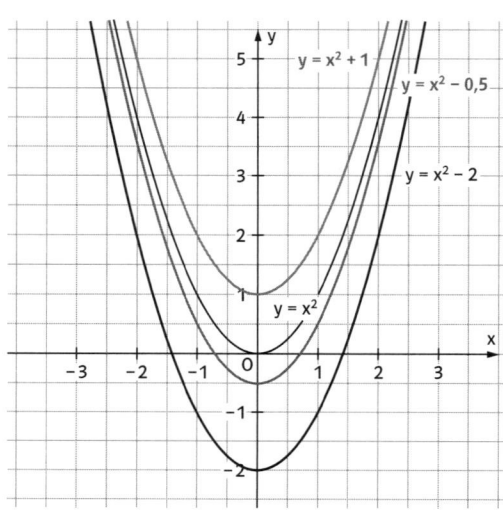

2

a) $y = x^2 + 3$ b) $y = x^2 + 1,5$ c) $y = x^2 - 0,75$ d) $y = x^2 - 2,25$

3

Auf der Normalparabel liegen die Punkte A, C, E und F.
Die anderen drei Punkte liegen auf der Parabel mit der
Gleichung: $y = x^2 + 4$

4

$P(-2 \mid 4)$ $Q(-6 \mid 36)$ $R(0,8 \mid 0,64)$ $T(1,1 \mid 1,21)$
$U(-1,5 \mid 2,25)$ $V(\sqrt{30} \mid 30)$ $W(3,2 \mid 10,24)$ $X(-\sqrt{5} \mid 5)$

5

a) $9 = 2^2 + c$; $5 = c$, also $y = x^2 + 5$
b) $-5 = (-2)^2 + c$; $-9 = c$, also $y = x^2 - 9$
c) $0 = (-4)^2 + c$; $-16 = c$, also $y = x^2 - 16$

Die quadratische Funktion $y = ax^2 + c$, Seite 23

1

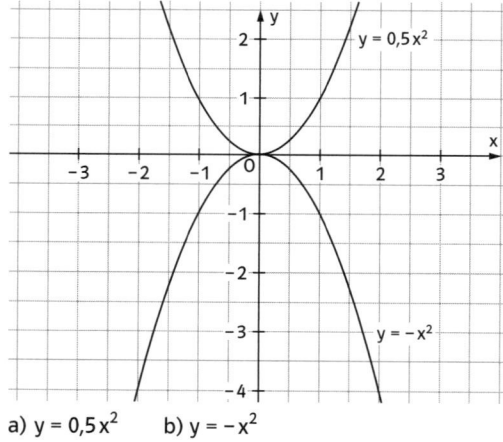

a) $y = 0,5x^2$ b) $y = -x^2$

Tabelle 1

| | Funktionsgleichung | verschoben um … nach | | geöffnet nach | | | |
		oben	unten	oben	unten	breiter	schmaler
a)	$y = 5x^2 - 1$		1 Längeneinheit	⊗	○	○	⊗
b)	$y = \frac{1}{4}x^2 + 5$	5 Längeneinheiten		⊗	○	⊗	○
c)	$y = -2x^2$			○	⊗	○	⊗
d)	$y = -\frac{1}{2}x^2 + 0,3$	0,3 Längeneinheiten		○	⊗	⊗	○
e)	$y = -x^2 - 5$		5 Längeneinheiten	○	⊗	○	○

2

a) B   b) A   c) C   d) E   e) D

3

Siehe Tabelle 1, Seite 10.

4

a) B   b) C   c) D   d) A und E

5

a) $2 = a \cdot 1^2 - 3$; $2 = a - 3$; $a = 5$; $y = 5x^2 - 3$

b) $10 = \frac{1}{2} \cdot (-4)^2 + c$; $10 = 8 + c$; $c = 2$; $y = \frac{1}{2} \cdot x^2 + 2$

Die Scheitelpunktform $y = (x - d)^2 + c$, Seite 24

1

a) $S(3|1)$ $y = (x - 3)^2 + 1$

b) $S(-2|1)$ $y = (x + 2)^2 + 1$

c) $S(-2|-1)$ $y = (x + 2)^2 - 1$

d) $S(4|-3)$ $y = (x - 4)^2 - 3$

e) $S(-4|2)$ $y = (x + 4)^2 + 2$

2

Die Punkte P, R, S liegen auf der Parabel a),
die Punkte Q, R, S liegen auf der Parabel b).

3

Zu $y = x^2 + 10x + 25$ gehört $y = (x + 5)^2$.

Zu $y = x^2 + 8x + 16$ gehört $y = (x + 4)^2$.

Zu $y = x^2 + 2x + 3$ gehört $y = (x + 1)^2 + 2$.

Zu $y = x^2 - 4x + 4$ gehört $y = (x - 2)^2$.

Zu $y = x^2 - 6x + 8$ gehört $y = (x - 3)^2 - 1$.

4

a) $y - 10 + 3^2 = x^2 + 6x + 3^2$

    $y - 1 = (x + 3)^2$

        $y = (x + 3)^2 + 1$

  $S(-3|1)$

b) $y - 16 = x^2 - 12x$

    $y - 16 + 36 = x^2 - 12x + 36$

    $y + 20 = (x - 6)^2$

          $y = (x - 6)^2 - 20$

    $S(6|-20)$

5

a) $S(5|-2,5)$

$y = (x - 5)^2 - 2,5$

$y = x^2 - 10x + 25 - 2,5$

$y = x^2 - 10x + 22,5$

b) $S(-1,1|11)$

$y = (x + 1,1)^2 + 11$

$y = x^2 + 2,2x + 1,21 + 11$

$y = x^2 + 2,2x + 12,21$

Quadratische Gleichungen und quadratische Ergänzungen, Seite 25

1

a) $x_1 = 11$; $x_2 = -11$ b) $x_1 = 9$; $x_2 = -9$

c) $x_1 = \frac{5}{6}$; $x_2 = -\frac{5}{6}$ d) $x_1 = 0,2$; $x_2 = -0,2$

2

a) $3x^2 = 48$; $x^2 = 16$; $x_{1,2} = \pm\sqrt{16}$; $x_1 = 4$; $x_2 = -4$

b) $0,4x^2 = 3,2$; $x^2 = 8$; $x_{1,2} = \pm\sqrt{8}$; $x_1 = 2,83$; $x_2 = -2,83$

c) $\frac{1}{4}x^2 = 5$; $x^2 = 20$; $x_{1,2} = \pm\sqrt{20}$; $x_1 = 4,47$; $x_2 = -4,47$

3

a) $x_1 = -2$; $x_2 = -4$

b) $(x - 5)^2 = 64$; $x - 5 = \pm 8$; $x = 5 \pm 8$; $x_1 = 13$; $x_2 = -3$

c) $(x - 9)^2 = 81$; $x - 9 = \pm 9$; $x = 9 \pm 9$; $x_1 = 18$; $x_2 = 0$

4

a) 49   b) 9   c) $6z$

d) u^2; 169; -13 e) 12,25; $a + 3,5$ f) $v^2 - 8v + 16 = (v - 4)^2$

5

a) $x + 3 = \pm 2$; $x = -3 \pm 2$; $x_1 = -1$; $x_2 = -5$

b) $x^2 - 4x = 12$; $x^2 - 4x + 2^2 = 12 + 2^2$; $(x - 2)^2 = 16$

$x - 2 = \pm 4$; $x = 2 \pm 4$; $x_1 = 6$; $x_2 = -2$

c) $x^2 + 9x = 10$; $x^2 + 9x + \left(\frac{9}{2}\right)^2 = 10 + \left(\frac{9}{2}\right)^2$; $x^2 + 9x + \frac{81}{4} = 10 + \frac{81}{4}$

$\left(x + \frac{9}{2}\right)^2 = \frac{121}{4}$; $x + \frac{9}{2} = \pm\frac{11}{2}$; $x = -\frac{9}{2} \pm \frac{11}{2}$; $x_1 = 1$; $x_2 = -10$

Nullstellen quadratischer Funktionen (1), Seite 26

1

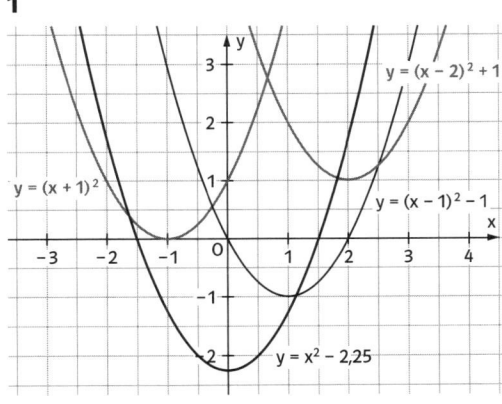

(A) $x_1 = 0$; $x_2 = 2$ (B) $x_1 = -1$ (einzige Nullstelle)

(C) $x_1 = -1,5$; $x_2 = 1,5$ (D) keine Nullstelle

Es werden nacheinander eingesetzt: D; Eine; A; C; zwei.

2

a) $16 = x^2$; $x_1 = 4$; $x_2 = -4$

b) $0 = x^2 - 1,21$; $1,21 = x^2$; $x_1 = 1,1$; $x_2 = -1,1$

c) $1 = (x + 3)^2$; $\pm 1 = x_{1,2} + 3$; $x_1 = -2$; $x_2 = -4$

d) $0 = (x - 5)^2 - 64$; $64 = (x - 5)^2$; $\pm 8 = x_{1,2} - 5$;

$x_1 = 13$; $x_2 = -3$

3

a) $y = x^2 - 4x + 2^2 - 2^2 + 3$; $y = (x - 2)^2 - 1$; $x_1 = 1$; $x_2 = 3$

b) $y = x^2 + 6x + 3^2 - 3^2 + 10$; $y = (x + 3)^2 + 1$;   keine Nullstelle

c) $y = (x - 4)^2$; $x = 4$ ist die einzige Nullstelle

4

a) $S(-2|-5)$; zwei Nullstellen   b) $S(0|4)$; keine Nullstellen

c) $S(5|9)$; keine Nullstellen   d) $S(3|0)$; eine Nullstelle

e) $S(0|-2)$; zwei Nullstellen

5

a) $S(-2|-1)$

$y = (x + 2)^2 - 1$

b) $S(1|-4)$

$y = (x - 1)^2 - 4$

c) $S(0|-1)$

$y = x^2 - 1$

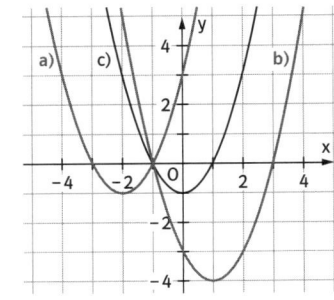

Nullstellen quadratischer Funktionen (2), Seite 27

6

a) $p = -8$; $q = 7$; $x_1 = 7$ und $x_2 = 1$

b) $p = 3$; $q = -10$; $x_1 = 2$ und $x_2 = -5$

c) $p = -7$; $q = -30$; $x_{1,2} = -\frac{-7}{2} \pm \sqrt{\left(\frac{-7}{2}\right)^2 - (-30)}$; $x_1 = 10$; $x_2 = -3$

7

Siehe Tabelle 1, Seite 12.

8

a) $x^2 + 5x + 6 = 0$; $x_{1,2} = -2{,}5 \pm \sqrt{2{,}5^2 - 6}$; $x_{1,2} = -2{,}5 \pm \sqrt{0{,}25}$; $x_{1,2} = -2{,}5 \pm 0{,}5$; $x_1 = -2$; $x_2 = -3$

b) $x^2 - 16x + 55 = 0$; $x_{1,2} = 8 \pm \sqrt{8^2 - 55}$; $x_{1,2} = 8 \pm \sqrt{9}$; $x_{1,2} = 8 \pm 3$; $x_1 = 11$; $x_2 = 5$

c) $x^2 - \frac{1}{4}x - \frac{1}{8} = 0$; $x_{1,2} = \frac{1}{8} \pm \sqrt{\frac{1}{64} + \frac{1}{8}} = \frac{1}{8} \pm \sqrt{\frac{9}{64}}$; $x_{1,2} = \frac{1}{8} \pm \frac{3}{8}$; $x_1 = \frac{1}{2}$; $x_2 = -\frac{1}{4}$

9

Es gehören zusammen:

$0{,}5x^2 + x - 0{,}5 = 0$; $x^2 + 2x - 1 = 0$; $x_{1,2} = -1 \pm \sqrt{1 + 1}$; $x_1 = -1 - \sqrt{2}$; $x_2 = -1 + \sqrt{2}$

$3x^2 - 6x + 3 = 0$; $x^2 - 2x + 1 = 0$; $x_{1,2} = 1 \pm \sqrt{1 - 1}$; $x = 1$

$5x^2 + 10x + 5 = 0$; $x^2 + 2x + 1 = 0$; $x_{1,2} = -1 \pm \sqrt{1 - 1}$; $x = -1$

$2{,}5x^2 - 5x - 2{,}5 = 0$; $x^2 - 2x - 1 = 0$; $x_{1,2} = \sqrt{1 + 1}$; $x_1 = 1 - \sqrt{2}$; $x_2 = 1 + \sqrt{2}$

Schnittpunkte, Seite 28

1

a) $(x - 3)^2 + 4 = -x^2 + 6x + 3$ | Klammer auflösen und zusammenfassen

$x^2 - 6x + 13 = -x^2 + 6x + 3$ | $+x^2$

$2x^2 - 6x + 13 = 6x + 3$ | $-6x - 3$

$2x^2 - 12x + 10 = 0$ | $:2$

$x^2 - 6x + 5 = 0 \longrightarrow$ p-q-Formel

$P_1 = (1 | 8)$; $P_2 = (5 | 8)$

b) $-x^2 + 4x - 3 = x^2 - 1$ | $+x^2$

$4x - 3 = 2x^2 - 1$ | $-4x + 3$

$0 = 2x^2 - 4x + 2$ | $:2$

$0 = x^2 - 2x + 1 \longrightarrow$ p-q-Formel

Es gibt nur eine (doppelte) Lösung: $P = (1 | 0)$

2

a) $x^2 - 2x + 3 = x + 3$ | $-x$

$x^2 - 3x + 3 = 3$ | -3

$x^2 - 3x = 0 \longrightarrow$ p-q-Formel

$P_1 = (0 | 3)$; $P_2 = (3 | 6)$

b) $-(x - 1)^2 + 4 = -2x + 7$ | Klammer auflösen und zusammenfassen

$-x^2 + 2x + 3 = -2x + 7$ | $+2x - 7$

$-x^2 + 4x - 4 = 0$ | $\cdot (-1)$

$x^2 - 4x + 4 = 0 \longrightarrow$ p-q-Formel

Es gibt nur eine Lösung: $P = (2 | 3)$

3

a) $x^2 + 4x + 1 = -x^2 - 2x + 1$ | $+x^2$

$2x^2 + 4x + 1 = -2x + 1$ | $+2x - 1$

$2x^2 + 6x = 0$ | $:2$

$x^2 + 3x = 0 \longrightarrow$ p-q-Formel

$P_1 = (0 | 1)$; $P_2 = (-3 | -2)$

b) $x^2 - 3x + 0{,}75 = -x + 2$ | $+x$

$x^2 - 2x + 0{,}75 = 2$ | -2

$x^2 - 2x - 1{,}25 = 0 \longrightarrow$ p-q-Formel

$P_1 = (2{,}5 | -0{,}5)$; $P_2 = (-0{,}5 | 2{,}5)$

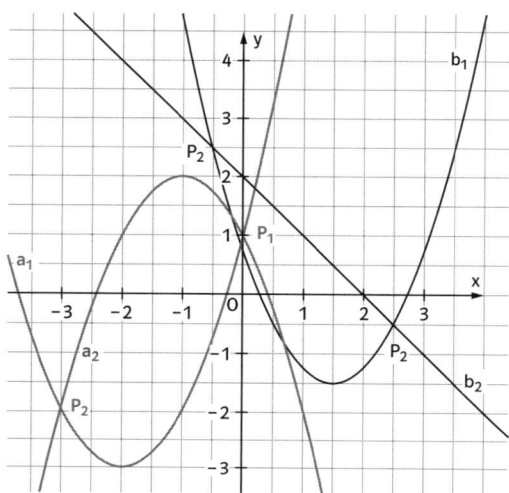

4

a) Die Parabel zu (1) öffnet sich nach oben, die Parabel zu (2) nach unten, und ihr Scheitelpunkt liegt auf der y-Achse oberhalb des Scheitelpunkts von (1): Die Graphen der Funktionen haben zwei gemeinsame Punkte.

Quadratische Gleichung	Einsetzen in p-q-Formel	Wert der Diskriminante	Anzahl der Lösungen	Lösungen, falls vorhanden	
a) $x^2 + 4x - 21 = 0$	$x_{1,2} = -2 \pm \sqrt{2^2 + 21}$	$2^2 + 21 = 25 > 0$	2	-7; $+3$	Tabelle 1
b) $x^2 - 6x + 9 = 0$	$x_{1,2} = 3 \pm \sqrt{3^2 - 9}$	$3^2 - 9 = 0$	1	3	
c) $x^2 - 3x + 8 = 0$	$x_{1,2} = \frac{3}{2} \pm \sqrt{\left(\frac{3}{2}\right)^2 - 8}$	$\left(\frac{3}{2}\right)^2 - 8 = -5{,}75$	0	$-$	
d) $x^2 + 14x + 24 = 0$	$x_{1,2} = -7 \pm \sqrt{7^2 - 24}$	$7^2 - 24 = 25$	2	-12; -2	
e) $x^2 + 3x + 2{,}25 = 0$	$x_{1,2} = -\frac{3}{2} \pm \sqrt{\left(\frac{3}{2}\right)^2 - 2{,}25}$	$\left(\frac{3}{2}\right)^2 - 2{,}25 = 0$	1	$-1{,}5$	
f) $x^2 - 10x + 30 = 0$	$x_{1,2} = 5 \pm \sqrt{5^2 - 30}$	$5^2 - 30 = -5$	0	$-$	

b) Gleichsetzen der beiden Funktionsgleichungen liefert eine Funktion ersten Grades. Da sie als solche nur eine Lösung hat, haben die Graphen von (1) und (2) nur einen gemeinsamen Punkt.

c) Die Parabel öffnet sich nach oben und hat den Scheitelpunkt $(0|-3)$; die Gerade schneidet die y-Achse in $(0|4)$: Damit haben sie zwei gemeinsame Punkte.

d) Die Parabel zu (1) öffnet sich nach oben, die Parabel zu (2) nach, unten und der Scheitelpunkt von (2) liegt auf der y-Achse unterhalb des Scheitelpunkts von (1): Die Graphen der Funktionen haben keine gemeinsamen Punkte.

5

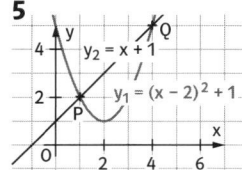

$P(1|2)$ und $Q(4|5)$;
$y_2 = x + 1$

Lösen durch Modellieren III, Seite 29

1

Berechnung der drei Varianten für den Fall, dass das Kabel 8 m durchhängt:

(1) Ursprung liegt im Scheitelpunkt
Funktionsgleichung: $y = a x^2$

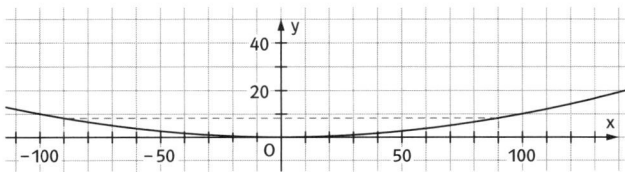

Einsetzen von $x = 90$ und $y = 8$ ergibt: $8 = a \cdot 90^2$
$a = \frac{8}{8100}$; $y = a x^2 = \frac{8}{8100} x^2$

(2) Ursprung liegt in der Spitze des linken Mastes
Funktionsgleichung: $y = a(x - c)^2 + d$

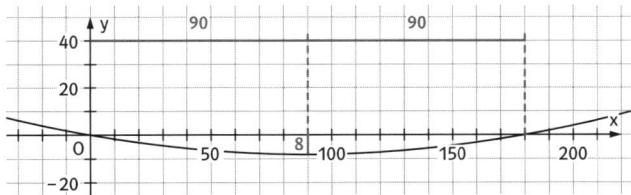

Der Scheitelpunkt liegt bei $(c|d) = (90|-8)$.
Einsetzen ergibt: $y = a(x - 90)^2 - 8$.
Einsetzen des Punkts $(180|0)$ in die Gleichung ergibt nun:
$0 = a(180 - 90)^2 - 8$
$0 = a \cdot 90^2 - 8$; $a = \frac{8}{90^2} = \frac{8}{8100}$.
Somit ist: $y = a = \frac{8}{8100} \cdot (x - 90)^2 - 8$

(3) Ursprung liegt im Fußpunkt des linken Mastes
Funktionsgleichung: $y = a(x - c)^2 + d$

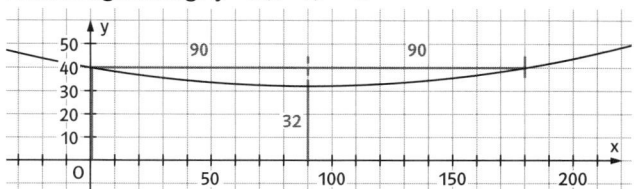

Der Scheitelpunkt liegt bei $(c|d) = (90|32)$.
Einsetzen ergibt: $y = a(x - 90)^2 + 32$.
Einsetzen des Punkts $(180|40)$ in die Gleichung ergibt nun:
$40 = a(180 - 90)^2 + 32$
$40 = a \cdot 90^2 + 32$; $a = \frac{8}{90^2} = \frac{8}{8100}$.
Somit ist: $y = a = \frac{8}{8100} \cdot (x - 90)^2 + 32$

Siehe Tabelle 1, Seite 13.

2

Die x-Achse liegt auf Abwurfhöhe (und nicht auf Bodenhöhe). Die y-Achse geht durch den Scheitelpunkt (dies folgt aus der Gleichungsform $y = a x^2 + c$).

a) Damit man weiß, welchem x „zwei Meter horizontalen Fluges" entsprechen, müssen zuerst die Nullstellen berechnet werden:
$-0{,}04 x^2 + 1{,}8 = 0$; $x^2 = \frac{1{,}8}{0{,}04} = 45$; $x_1 \approx 6{,}708$; $x_2 \approx -6{,}708$
Nach 2 m horizontalen Fluges ist also $x \approx -4{,}708$.
$y = -0{,}04 \cdot (-4{,}708)^2 + 1{,}8 \approx 0{,}913$ m
Nach 2 m horizontalen Fluges hat die Kugel also eine Höhe von etwa 0,913 m erreicht.

b) Höhe der Kugel $y = 1$ m
$1 = -0{,}04 x^2 + 1{,}8$; $x^2 = \frac{0{,}8}{0{,}04} = 20$; $x_1 \approx 4{,}47$; $x_2 \approx -4{,}47$
Die Kugel erreicht zum ersten Mal eine Höhe von 1 m, nachdem sie $6{,}708$ m $- 4{,}47$ m $\approx 2{,}24$ m geflogen ist.

c) Die Maximalhöhe der Kugel beträgt 1,8 m (Scheitelpunkt bei $(0|1{,}8)$). Diese Höhe wird nach etwa 6,71 m horizontalen Fluges erreicht.

3

a)

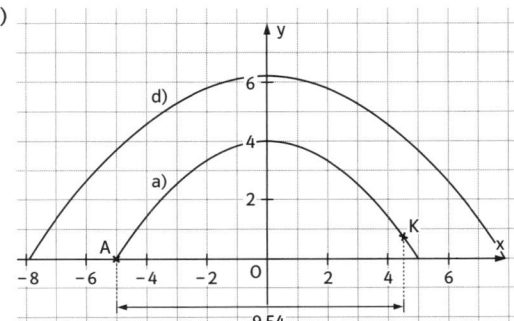

	Der Ursprung liegt im Scheitelpunkt.	Der Ursprung liegt in der Spitze des linken Mastes.	Der Ursprung liegt im Fußpunkt des linken Mastes.	Tabelle 1
Das Kabel hängt 8 m durch.	$y = \frac{8}{8100} x^2$	$y = \frac{8}{8100}(x - 90)^2 - 8$	$y = \frac{8}{8100}(x - 90)^2 + 32$	
Im Hochsommer hängt es 16 m durch.	$y = \frac{16}{8100} x^2$	$y = \frac{16}{8100}(x - 90)^2 - 16$	$y = \frac{16}{8100}(x - 90)^2 + 24$	
Im vereisten Zustand hängt es 24 m durch.	$y = \frac{24}{8100} x^2$	$y = \frac{24}{8100}(x - 90)^2 - 24$	$y = \frac{24}{8100}(x - 90)^2 + 16$	

Die x-Achse wird auf Höhe des Abwurfpunkts gelegt.
Die y-Achse geht durch den Scheitelpunkt.
Der Abwurfpunkt A befindet sich somit an der Stelle der
negativen Nullstelle.
K bezeichnet die Stelle, an der sich der Korb befindet.
b) Berechnung der Nullstellen:

$-0{,}16\,x^2 + 4 = 0;$ $x^2 = \frac{4}{0{,}16} = 25;$ $x_1 = 5;$ $x_2 = -5$

Berechnung der x-Koordinate von K:

$-0{,}16\,x^2 + 4 = 0{,}7;$ $x^2 = \frac{3{,}3}{0{,}16} = 20{,}625;$ $x_1 \approx 4{,}54;$ $x_2 \approx -4{,}54$

Der Abwurfpunkt war also etwa 5 m + 4,54 m = 9,54 m vom
Korb entfernt.
c) Der Scheitelpunkt liegt bei 4 m, d. h., die maximale Höhendifferenz zwischen Ball und Korb beträgt 4 m − 0,7 m = 3,3 m.
d) Berechnung der Nullstellen:

$-0{,}1\,x^2 + 6{,}2 = 0;$ $x^2 = \frac{6{,}2}{0{,}1} = 62;$ $x_1 \approx 7{,}874;$ $x_2 \approx -7{,}874$

(siehe Graph d) im Schaubild)
Der Scheitelpunkt dieser Wurfparabel liegt bei 6,2 m. Da der
Abwurfpunkt aber ca. 2 m über dem Boden angenommen
werden muss, würde die maximale Höhe der Wurfbahn bei
8,2 m liegen. Da die Hallenhöhe aber nur 7,5 m beträgt, fliegt
der Ball gegen die Decke und kann den Korb nicht erreichen.

Trigonometrie
Strahlensätze, Seite 30

1
a) $\dfrac{\overline{SA}}{\overline{SP}} = \dfrac{\overline{SB}}{\overline{SQ}} = \dfrac{\overline{AB}}{\overline{PQ}}\,;$ $\dfrac{\overline{BQ}}{\overline{SB}} = \dfrac{\overline{AP}}{\overline{SA}}$ b) $\dfrac{x}{y} = \dfrac{r}{s}\,;$ $\dfrac{x}{x+y} = \dfrac{r}{r+s} = \dfrac{p}{q}$

2

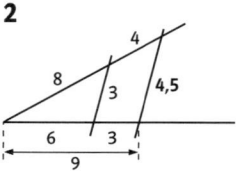 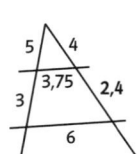

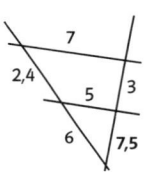 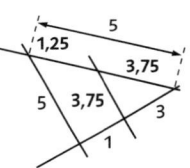

3
a) $\dfrac{x}{4\,\text{cm}} = \dfrac{3\,\text{cm}}{5\,\text{cm}}\,;$ $x = 2{,}4\,\text{cm};$ $\dfrac{y}{2\,\text{cm}} = \dfrac{5\,\text{cm}}{3\,\text{cm}}\,;$ $y = 3{,}33\,\text{cm}$

b) $\dfrac{x}{3\,\text{cm}} = \dfrac{12\,\text{cm}}{x}\,;$ $x = 6\,\text{cm};$ $\dfrac{y}{12\,\text{cm}} = \dfrac{6\,\text{cm}}{6\,\text{cm}}\,;$ $y = 12\,\text{cm}$

4
a) $\overline{SQ}$ 13,3̄ cm; $\overline{PQ}$ 5 cm; $\left(k = \frac{5}{3}\right)$
b) $\overline{SP}$ 6 mm; $\overline{SB}$ 4 mm; $(k = 2)$
c) $\overline{SA}$ 2 dm; $\overline{SQ}$ 22,5 cm; $(k = 1{,}5)$
d) $\overline{SP}$ 14 dm; $\overline{AB}$ 60 cm; $(k = 1{,}4)$

Strahlensätze anwenden, Seite 31

1

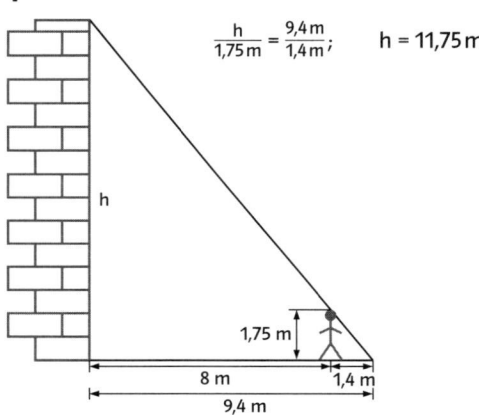

$\dfrac{h}{1{,}75\,\text{m}} = \dfrac{9{,}4\,\text{m}}{1{,}4\,\text{m}}\,;$ $h = 11{,}75\,\text{m}$

2
a) Bild wird größer.   b) Bild wird kleiner.   c) 60 cm

3
a) Schatten wird kleiner.
b) Der Schatten ist dann doppelt so groß wie sie.
c) 5,30 m

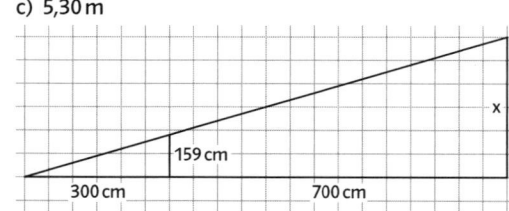

4
Es fehlt die Entfernung des Kirchturms.

Sinus, Kosinus, Tangens, Seite 32

1
a) $\sin\alpha = \dfrac{2{,}1}{4{,}0}$ $\cos\alpha = \dfrac{3{,}4}{4{,}0}$ $\tan\alpha = \dfrac{2{,}1}{3{,}4}$
b) $\sin\alpha = \dfrac{3{,}0}{3{,}9}$ $\cos\alpha = \dfrac{2{,}5}{3{,}9}$ $\tan\alpha = \dfrac{3{,}0}{2{,}5}$

2
$\sin\alpha = \dfrac{b}{c}$ $\sin\beta = \dfrac{a}{c}$ $\sin\gamma = \dfrac{e}{c}$ $\sin\delta = \dfrac{d}{c}$

$\cos\alpha = \dfrac{a}{c}$ $\cos\beta = \dfrac{b}{c}$ $\cos\gamma = \dfrac{d}{c}$ $\cos\delta = \dfrac{e}{c}$

3
richtig sind b), c) und e);   d) Korrektur: $\tan\alpha = \dfrac{x}{c+d}$

4

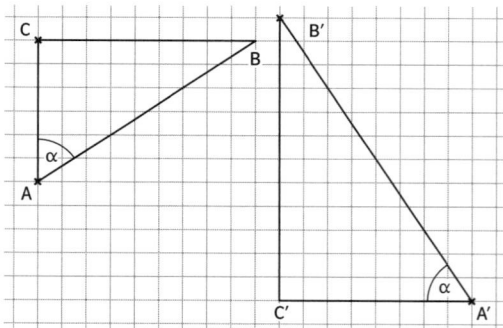

5

	a)	b)	c)	d)
$\sin\alpha < \cos\alpha$	⊗	◯	⊗	◯
$\tan\beta = 0{,}75$	◯	◯	◯	⊗
$\cos\beta = \sin\alpha$	⊗	⊗	⊗	⊗
$\tan\alpha = 1$	◯	⊗	◯	◯
$\sin\beta = \cos\beta$	◯	⊗	◯	◯

Rechtwinklige Dreiecke berechnen, Seite 33

1

Aus der jeweils oberen Formel in den Kärtchen entnimmt man, dass bei allen Dreiecken der rechte Winkel bei C ist. Damit und gegen den Uhrzeigersinn gehend kann man dann die Spitzen aller Dreiecke benennen (damit hat man auch die Benennung aller Seiten und Winkel).
Beim Dreieck c) sind die zwei Katheten gegeben; damit wird es dem Kärtchen A zugeordnet (obere Formel: $a^2 + b^2 = c^2$).
Beim Dreieck d) sind eine Kathete und die Hypotenuse gegeben; damit wird es dem Kärtchen C zugeordnet (obere Formel: $b^2 = c^2 - a^2$).
Bei den zwei anderen Dreiecken ist theoretisch mehr Spielraum möglich: Da man den fehlenden Winkel mithilfe der Formel $\alpha + \beta = 90°$ als Erstes berechnet, ist man bei der Wahl der trigonometrischen Funktion, die als Nächstes berechnet werden kann, freier. Somit gilt:
Dreieck a) Kärtchen D (alternativ ist auch Kärtchen B möglich),
Dreieck b) Kärtchen B (alternativ ist auch Kärtchen D möglich).

2

a) Skizze B
b) Bestimmen Sie x mit $\tan 40° = \frac{x + 8}{20}$

$20 \cdot \tan 40° = x + 8;$ $x = 20 \cdot \tan 40° - 8 \approx 8{,}78;$ $x \approx 8{,}78\,m$

3

Segelflieger:
$\tan\alpha = \frac{h}{d};$ $h = d \cdot \tan\alpha;$ $h = 605\,m \cdot \tan 3{,}4° \approx 35{,}9\,m$
$\cos\alpha = \frac{d}{s};$ $s = \frac{d}{\cos\alpha};$ $s = \frac{605\,m}{\cos 3{,}4°} \approx 606{,}1\,m$
$m = \tan\alpha;$ $m \approx 5{,}9\,\%$
Autofahrer:
$\tan\alpha = m \approx 0{,}115 = 11{,}5\,\%;$ $\alpha \approx 6{,}56°$
$\sin\alpha = \frac{h}{s};$ $h = s \cdot \sin\alpha;$ $h = 600\,m \cdot \sin 6{,}56° \approx 68{,}5\,m$
$\cos\alpha = \frac{d}{s};$ $d = s \cdot \cos\alpha;$ $d = 600\,m \cdot \cos 6{,}56° \approx 596{,}1\,m$
Wanderer:
$\sin\alpha = \frac{h}{s} = \frac{35{,}2\,m}{300\,m};$ $\alpha \approx 6{,}74°$
$m = \tan\alpha;$ $m \approx 0{,}118 = 11{,}8\,\%$
$\tan\alpha = \frac{h}{d};$ $d = \frac{h}{\tan\alpha};$ $d = \frac{35{,}2\,m}{\tan 6{,}74°} \approx 297{,}9\,m$

	α	m	h	d	s
Segelflieger	3,4°	5,9 %	35,9 m	605 m	606,1 m
Autofahrer	6,56°	11,5 %	68,5 m	596,1 m	600 m
Wanderer	6,74°	11,8 %	35,2 m	297,9 m	300 m

Die Bewegung des Wanderers ist am steilsten, da bei ihm der Neigungswinkel am größten ist ($\alpha \approx 6{,}74°$).
Der größte Höhenunterschied wird vom Autofahrer überwunden ($h \approx 68{,}5\,m$).

Allgemeine Dreiecke berechnen, Seite 34

1

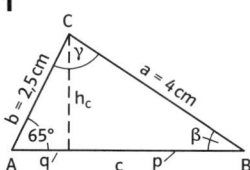

Es sind unterschiedliche Reihenfolgen möglich. Eine der möglichen Reihenfolgen (zusammen mit den Berechnungen) lautet:
1. $h_c = \sin\alpha \cdot b;$ $h_c = \sin 65° \cdot 2{,}5\,cm;$ $h_c \approx 2{,}27\,cm$
2. $q = \cos\alpha \cdot b;$ $q = \cos 65° \cdot 2{,}5\,cm;$ $q \approx 1{,}06\,cm$
3. $\sin\beta = \frac{h_c}{a};$ $\sin\beta = \frac{2{,}27}{4} = 0{,}566;$ $\beta \approx 34{,}5°$
4. $p = \cos\beta \cdot a;$ $p = \cos 34{,}5° \cdot 4\,cm;$ $p \approx 3{,}3\,cm$
5. $\gamma = 180° - \alpha - \beta;$ $\gamma = 180° - 65° - 34{,}5°;$ $\gamma = 80{,}5°$

2

Bei den Teilaufgaben b), c) und d) sind unterschiedliche Reihenfolgen für die Lösung möglich; z.B.:

	a	b	c	α	β	γ	einzeichnen
a)	③	✓	①	②	✓	✓	h_a
b)	✓	✓	③	✓	①	②	h_c
c)	✓	✓	✓	①	②	③	–
d)	✓	①	③	✓	✓	②	h_c

b) 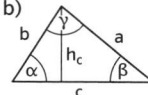   c) 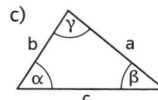   d)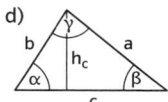

3

a) $h_c = a \cdot \sin 38°;$ $h_c \approx 3{,}02\,cm$
$\sin\alpha = \frac{h_c}{b} \approx 0{,}862;$ $\alpha \approx 59{,}5°$

$\gamma = 180° - 59{,}5° - 38° = 82{,}5°$
$c_1^2 = b^2 - h_c^2;$ $c_1 \approx 1{,}77\,cm$
$c_2^2 = a^2 - h_c^2;$ $c_2 \approx 3{,}86\,cm$
$c = c_1 + c_2;$ $c \approx 5{,}6\,cm$

b) $h_a = b \cdot \sin 80°;$ $h_a \approx 6{,}40\,cm$
$\sin\beta = \frac{h_a}{c} \approx 0{,}941;$ $\beta \approx 70{,}3°$
$\alpha = 180° - 80° - 70{,}3° = 29{,}7°$
$a_1^2 = b^2 - h_a^2;$ $a_1 \approx 1{,}13\,cm$
$a_2^2 = c^2 - h_a^2;$ $a_2 \approx 2{,}29\,cm$
$a = a_1 + a_2;$ $a \approx 3{,}4\,cm$

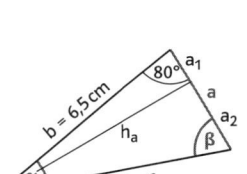

4

a) Die richtige Formel lautet: $A = 0,5 \cdot a \cdot c \cdot \sin\beta$; $\quad A \approx 4,14\,cm^2$.

b) Die richtige Formel lautet: $A = 0,5 \cdot b \cdot h_b$; $\quad A = 5,4\,cm^2$.

c) Die richtige Formel lautet: $A = 0,5 \cdot a \cdot b$. Die Formel ist möglich, da es um ein rechtwinkliges Dreieck ABC mit den Katheten a und b geht (aus $a = b$ folgt $\beta = \alpha = 45°$, somit ist $\gamma = 90°$).

$A = 8\,cm^2$

d) Die richtige Formel lautet: $A = 0,5 \cdot a \cdot h_a$. Diese Formel hilft hier allerdings nicht, denn die gegebenen Größen passen nicht dazu. Die geeignete Formel lautet: $A = 0,5 \cdot a \cdot b \cdot \sin\gamma$

Berechnung von γ:

$\sin\alpha = \dfrac{a}{b} \cdot \sin\beta \approx 0,817$; $\quad \alpha \approx 54,8°$

$\gamma = 180° - 33° - 54,8°$; $\quad \gamma = 92,2°$

$A \approx 6,74\,cm^2$

5

Die fünf Dreiecke sind gleichschenklige Dreiecke. Der Mittelpunktswinkel eines Teildreiecks beträgt $\gamma = \frac{1}{5} \cdot 360° = 72°$.

Die Basiswinkel betragen somit je 54°.

Die Dreieckshöhe ist $h = r \cdot \sin 54°$; $\quad h \approx 1,29\,cm$.

Die Grundseite ist $c = 2 \cdot r \cdot \cos 54°$; $\quad c \approx 1,88\,cm$.

Die Fläche eines Teildreiecks ist $A_D = \frac{1}{2} \cdot c \cdot h$; $\quad A_D \approx 1,22\,cm^2$.

Somit ist die Gesamtfläche $A_G = 6,10\,cm^2$.

Sinussatz und Kosinussatz, Seite 35

1

a)

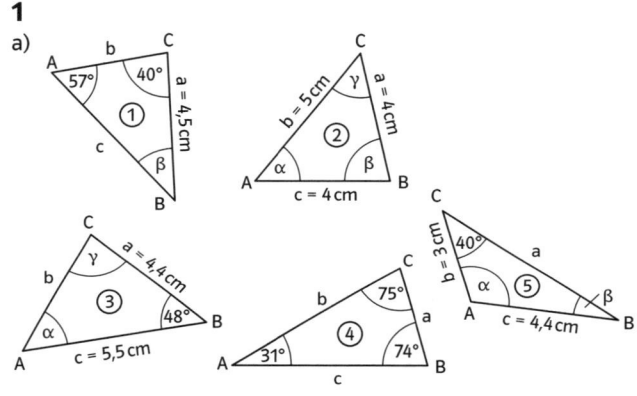

Dreieck	1	2	3	4	5
Kosinussatz	◯	✕	✕	◯	◯
Sinussatz	✕	◯	◯	◯	✕
unbestimmt	◯	◯	◯	✕	◯

b) Dreieck$_3$: $b^2 = a^2 + c^2 - 2 \cdot a \cdot c \cdot \cos\beta$

$b = \sqrt{4,4^2 + 5,5^2 - 2 \cdot 4,4 \cdot 5,5 \cdot \cos 48°}$; $\quad b \approx 4,15\,cm$

Dreieck$_2$: $a^2 = b^2 + c^2 - 2 \cdot b \cdot c \cdot \cos\alpha$

$\cos\alpha = \dfrac{5^2 + 4^2 - 4^2}{2 \cdot 5 \cdot 4} = 0,625$; $\quad \alpha \approx 51,3°$

2

a) Kosinussatz: $\cos\beta = \dfrac{a^2 + c^2 - b^2}{2ac}$

$\cos\beta = \dfrac{50^2 + 75^2 - 60^2}{2 \cdot 50 \cdot 75} \approx 0,603$; $\quad \beta \approx 52,9°$

Dreieck PBC: $h = a \cdot \sin\beta$; $\quad h = 50 \cdot \sin 52,9°$; $\quad h \approx 39,9\,m$

$c_1 = \sqrt{b^2 - h^2}$; $\quad c_1 = \sqrt{60^2 - 39,9^2}$; $\quad c_1 \approx 44,8\,m$

Länge der kürzeren Laufstrecke: $b + h + c_1 \approx 144,7\,m$

b) Länge der längeren Laufstrecke: 185 m

$\dfrac{185\,m - 144,7\,m}{1447\,m} \approx 0,28$

Die längere Strecke ist um ca. 28% länger. Somit müssen die Erwachsenen 1,28-mal oder 28% schneller laufen.

3

a) $\gamma = 90° + 10° = 100°$; $\quad \beta = 90° - 25° = 65°$

$\alpha = 180° - \beta - \gamma = 180° - 65° - 100° = 15°$

$c = \dfrac{\sin\gamma \cdot h}{\sin\alpha}$; $\quad c = \dfrac{\sin 100° \cdot 1,50\,m}{\sin 15°}$; $\quad c \approx 5,71\,m$

$50\,m : 5,71\,m \approx 8,76$

Es müssen mindestens neun Terrassen angelegt werden.

b) Flächenquerschnitt einer Terrasse:

$A = \frac{1}{2} \cdot c \cdot h \cdot \sin\beta$; $\quad A \approx 3,88\,m^2$

Volumen des Erdbodens, der für eine 200 m breite Terrasse aufgeschüttet werden muss: $V = 200\,m \cdot A$; $\quad V \approx 776\,m^3$.

4

Die Nummerierung der Schritte zusammen mit den Berechnungen:

1. α_1: Winkelsumme; $\quad \alpha_1 = 180° - 7,6° - 37,4° = 135°$

2. (oder 3.) β_1: Ergänzungswinkel; $\quad \beta_1 = 180° - 135° = 45°$

2. (oder 3.) b: Sinussatz; $\quad \dfrac{b}{\sin 37,4°} = \dfrac{3}{\sin 7,6°}$; $\quad b \approx 13,78\,m$

4. c: Kosinussatz

$c^2 = b^2 + (3\,m)^2 - 2 \cdot b \cdot 3\,m \cdot \cos\beta_1$; $\quad c \approx 11,85\,m$

5. α_2: Sinussatz; $\quad \dfrac{b}{\sin\alpha_2} = \dfrac{c}{\sin\beta_1}$; $\quad \sin\alpha_2 = \dfrac{b}{c \cdot \sin\beta_1}$

$\sin\alpha_2 \approx \dfrac{13,78\,m}{11,85\,m} \cdot \sin 45° \approx 0,822$; $\quad$ also $\alpha_2 \approx 55,31°$

(Hier muss beachtet werden, dass aufgrund der rechten senkrechten Linie für alle Winkel $\alpha_1, \alpha_2, \alpha_3$ gelten muss, dass die Winkel größer als 90° sind. $\sin^{-1}(x)$ ist im Bereich $0 \geqq x < 1$ nicht eindeutig lösbar. Der Taschenrechner gibt nur den kleineren Wert x_2 aus, der zweite ergibt sich aus der Differenz von 180° und dem Taschenrechnerwert für x_2.)

$\alpha_2 = 180° - 55,31° = 124,69°$

6. β_2: Ergänzungswinkel; $\quad \beta_2 = 180° - \alpha_2 = 55,31°$

7. d: Kosinussatz

$d^2 = (3\,m)^2 + c^2 - 2 \cdot c \cdot 3\,m \cdot \cos(\beta_2)$; $\quad d \approx 10,44$

8. γ_2: Sinussatz

$\dfrac{3}{\sin\gamma_2} = \dfrac{d}{\sin\beta_2}$; $\quad \sin\gamma_2 = \dfrac{3}{10,44} \cdot \sin 55,31° \approx 0,2363$

also $\gamma_2 \approx 13,67°$.

Trigonometrie in Ebene und Raum (1), Seite 36

1

a) Laura rechnet: Das Dreieck ABC ist gleichschenklig und rechtwinklig. Sein Flächeninhalt beträgt:

$A_{ABC} = \frac{1}{2} \cdot a \cdot b = \frac{1}{2} \cdot (6,7\,cm)^2; \qquad A_{ABC} \approx 22,445\,cm^2$

Berechnung des Flächeninhalts des Dreiecks ACD:

$\gamma_2 = \gamma - 45° = 24°; \qquad e = \sqrt{a^2 + b^2}; \qquad e \approx 9,48\,cm$

$A_{ACD} = \frac{1}{2} \cdot c \cdot e \cdot \sin\gamma_2; \qquad A_{ACD} \approx 19,27\,cm^2$

Vierecksfläche: $A = A_{ABC} + A_{ACD}; \qquad A = 41,71\,cm^2$

b) Sören rechnet:

Im rechtwinkligen Dreieck HCD ist $h = c \cdot \sin\gamma; \qquad h \approx 9,336\,cm.$

$b_2 = c \cdot \cos\gamma; \qquad b_2 = 10\,cm \cdot \cos 69°; \qquad b_2 \approx 3,584\,cm$

$A_{HCD} = \frac{1}{2} \cdot b_2 \cdot h; \qquad A_{HCD} \approx 16,73\,cm^2$

$b_1 = b - b_2; \qquad b_1 \approx 3,116\,cm$

Flächeninhalt des Vierecks ABHE:

$A_{ABHE} = b_1 \cdot a; \qquad A_{ABHE} \approx 20,88\,cm^2$

$h_1 = h - a; \qquad h_1 = 2,636\,cm$

Flächeninhalt des Dreiecks ADE: $A_{ADE} = \frac{1}{2} \cdot h_1 \cdot b_1$

$A_{ADE} \approx 4,11\,cm^2$

Gesamtfläche: $A = A_{ABHE} + A_{HCD} + A_{ADE}; \qquad A \approx 41,71\,cm^2$

c) Laura und Sören nehmen eine unterschiedliche Zerlegung des Vierecks vor. Laura nutzt den rechten Winkel und die zwei gleich langen Seiten, um ein rechtwinkliges, gleichschenkliges Dreieck zu bekommen; sie benötigt deshalb weniger Rechenschritte als Sören. Sören nutzt den rechten Winkel, um ein rechtwinkliges Dreieck und ein Viereck zu bekommen. Das Viereck teilt Sören in ein Rechteck und ein rechtwinkliges Dreieck auf.

2

$\overline{BC}$ mit Pythagoras:

$\overline{BC} = \sqrt{\overline{AC}^2 - \overline{AB}^2}$

$\overline{BC} = \sqrt{7^2 - 5^2}$

$\overline{BC} \approx 4,90\,km$

α_1 mit cos:

$\cos\alpha_1 = \frac{\overline{AB}}{\overline{AC}} = \frac{5}{7} \approx 0,714$

$\alpha_1 \approx 44,4°$

α_2 mit 90°-Ergänzung:

$\alpha_2 = 90° - \alpha_1 \approx 45,6°$

Höhe $h_{\overline{AC}}$ zur Seite $\overline{AC}$ im Dreieck ACD mit sin:

$h_{\overline{AC}} = \overline{AD} \cdot \sin\alpha_2; \qquad h_{\overline{AC}} \approx 2,143\,km$

Strecke $\overline{AH}$ mit dem Satz des Pythagoras: $\overline{AH} = \sqrt{\overline{AD}^2 - h^2}$

$\overline{AH} \approx 2,10\,km$

Strecke $\overline{CH}$: $\overline{CH} = 7\,km - \overline{AH}; \qquad \overline{CH} \approx 4,90\,km$

Berechnung von $\overline{DC}$: $\overline{DC} = \sqrt{\overline{CH}^2 + h^2}; \qquad \overline{DC} \approx 5,35\,km$

linker Weg: $\overline{AD} + \overline{DC} = 3\,km + 5,35\,km = 8,35\,km$

rechter Weg: $\overline{AB} + \overline{BC} = 5\,km + 4,90\,km = 9,90\,km$

Die Differenz zwischen linkem und rechtem Weg beträgt ca. 1,55 km. Der linke Weg ist mit 8,35 km der kürzere.

3

a) $h_1 = \overline{AD} \cdot \sin\alpha; \qquad h_1 \approx 39,95\,m$

$\overline{CE} = h - h_1; \qquad \overline{CE} \approx 10,05\,m$

$\overline{DE} = \sqrt{\overline{DC}^2 - \overline{CE}^2}$

$\overline{DE} \approx 39,75\,m$

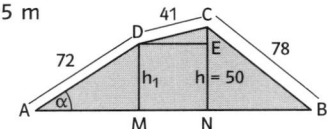

Mit dem Satz des Pythagoras können noch die Strecken $\overline{AM}$ und $\overline{BN}$ berechnet werden:

$\overline{AM} = \sqrt{72^2 - h_1^2}; \qquad \overline{AM} \approx 60,0\,m$

$\overline{BN} = \sqrt{78^2 - h^2}; \qquad \overline{BN} \approx 59,9\,m$

Flächeninhalt der Schnittfläche: $A = A_{AMD} + A_{DMNC} + A_{NBC}$

$A = \frac{1}{2} \cdot \overline{AM} \cdot h_1 + \frac{1}{2} \cdot (h + h_1) \cdot \overline{DE} + \frac{1}{2} \cdot \overline{BN} \cdot h \approx 4\,480,9\,m^2$

b) $V \approx 448\,090\,m^3$

Trigonometrie in Ebene und Raum (2), Seite 37

4

Der Winkel $\sphericalangle$ ABC liegt am Punkt B an.

	rechtwinklig	gleichschenklig	gleichseitig
Δ AFH	$\bigcirc$	$\bigcirc$	$\bigotimes$ $\overline{AF} = \overline{FH} = \overline{AH}$
Δ BHD	$\bigotimes$ $\sphericalangle$ BDH	$\bigcirc$	$\bigcirc$
Δ BCF	$\bigotimes$ $\sphericalangle$ CBF	$\bigotimes$ $\sphericalangle$ $\overline{BF} = \overline{BC}$	$\bigcirc$
Δ ACG	$\bigotimes$ $\sphericalangle$ ACG	$\bigcirc$	$\bigcirc$
Δ BCK	$\bigcirc$	$\bigotimes$ $\sphericalangle$ $\overline{BK} = \overline{CK}$	$\bigcirc$
Δ EBH	$\bigotimes$ $\sphericalangle$ BEH	$\bigcirc$	$\bigcirc$

5

a)

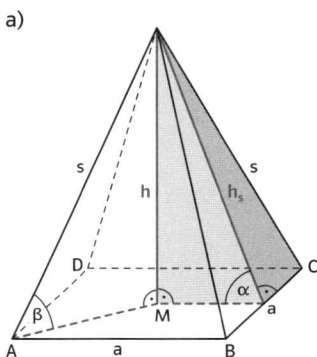

b)

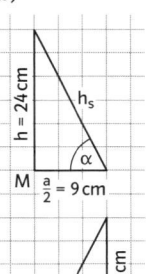

Berechnung von α:

$\tan\alpha = \frac{h}{\frac{1}{2}a} = \frac{2h}{a}$

$\tan\alpha = \frac{2 \cdot 24}{18} \approx 2,67; \qquad \alpha \approx 69,4°$

Berechnung von β:

$\tan\beta = \frac{h}{\frac{1}{2}d} = \frac{h}{\frac{1}{2}a\sqrt{2}} = \frac{2h}{a\sqrt{2}} = \frac{h\sqrt{2}}{a}$

$\tan\beta = \frac{24\sqrt{2}}{18} \approx 1,89; \qquad \beta \approx 62,0°$

6

a)

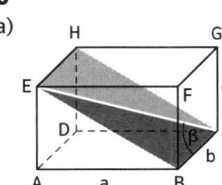

$\overline{EB} = \sqrt{a^2 + c^2} = \sqrt{34}\,cm;$

$\tan\beta = \frac{\sqrt{34}}{4}; \qquad \beta \approx 55,6°$

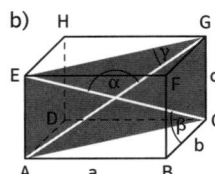

b)

Es gibt verschiedene Möglichkeiten, Hilfslinien einzuzeichnen und die Aufgabe zu lösen. Ein Beispiel:

$$\overline{EG} = \sqrt{a^2 + b^2} = \sqrt{41}\,cm$$

$$\tan \gamma = \frac{3}{\sqrt{41}}; \qquad \gamma \approx 25{,}1°$$

$$\alpha \approx 180° - 2\gamma = 129{,}8°$$

Sinus und Kosinus am Einheitskreis, Seite 38

1

a) $\sin 70° \approx 0{,}94$ b) $\cos 120° \approx -0{,}5$

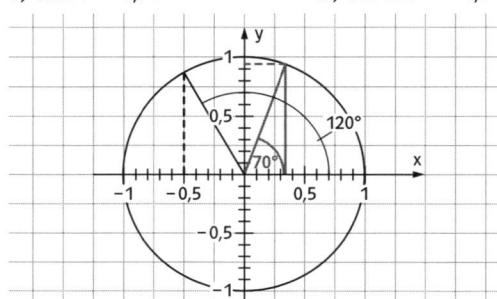

c) $\sin 250° \approx -0{,}94$ d) $\cos 320° \approx 0{,}77$

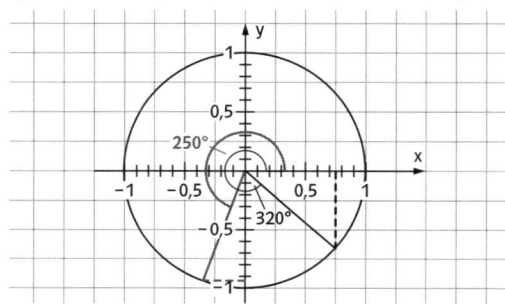

2

a) $\alpha \approx 44°$ oder $\alpha \approx 136°$ b) $\alpha \approx 204°$ oder $\alpha \approx 336°$

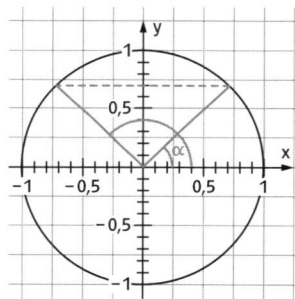
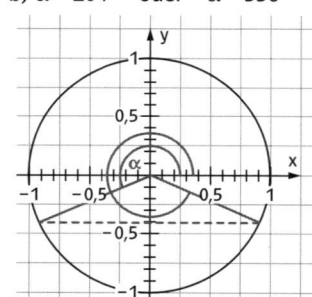

c) $\alpha \approx 66°$ oder $\alpha \approx 294°$

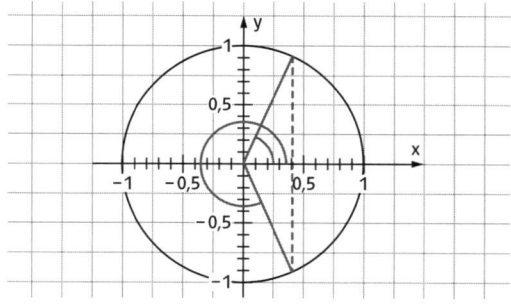

3

a) $\sin 140° = \sin 40° = \cos 50° = \cos 310°$
b) $\sin 10° = \sin 170° = \cos 80° = \cos 280°$
c) $\sin 210° = \sin 330° = \cos 120° = \cos 240°$

Weitere Funktionen
Sinusfunktion und Kosinusfunktion, Seite 39

1

a) $\sin(\alpha) = \sin(180° - \alpha)$
b) $\cos(\alpha) = \cos(360° - \alpha)$
c) $\sin(90° + \alpha) = \sin(90° - \alpha)$

d) $\cos(90° + \alpha) = -\cos(90° - \alpha)$
e) $\sin(180° + \alpha) = -\sin(\alpha)$
f) $\cos(180° + \alpha) = -\cos(\alpha)$

2

α	0	30°	45°	60°	90°	135°	180°	270°	360°
$\sin(\alpha)$	0	$\frac{1}{2}$	$\frac{1}{2}\sqrt{2}$	$\frac{1}{2}\sqrt{3}$	1	$\frac{1}{2}\sqrt{2}$	0	-1	0
$\cos(\alpha)$	1	$\frac{1}{2}\sqrt{3}$	$\frac{1}{2}\sqrt{2}$	$\frac{1}{2}$	0	$-\frac{1}{2}\sqrt{2}$	-1	0	1

3

a) Sinusfunktion
b) Sinusfunktion und Kosinusfunktion
c) Sinusfunktion
d) Sinusfunktion und Kosinusfunktion
e) Das trifft auf keine der beiden Funktionen zu.
f) Kosinusfunktion
g) Kosinusfunktion
h) Sinusfunktion

4

A → 4 → c; B → 1 → d; C → 5 → b; D → 3 → e;
E → 2 → a

Wachstumsfaktor und Wachstumsrate, Seite 40

1

a)

	Europa	Asien/Pazifik	Amerika	Afrika	Mittlerer Osten
2014	588,4	263,0	180,6	56,0	50,3
2010	484,4	205,1	150,6	49,9	58,2
absolute Zu-/Abnahme	+104,0	−57,9	+30,0	+6,1	−7,9
Wachstumsfaktor	1,2147	1,2823	1,1992	1,1222	0,8643

b) In der Grafik werden folgende Werte für die Wachstumsrate eingetragen:
Europa: 21,47%; 0,2147
Asien/Pazifik: 28,23%; 0,2823
Amerika: 19,92%; 0,1992
Afrika: 12,22%; 0,1222
Mittlerer Osten: −13,57%; −0,1357

2

Es gehören jeweils zusammen:

zu (A): Der Wachstumsfaktor beträgt 1,02.
Die neue Größe erhält man, indem man 12 Millionen mit 1,02 multipliziert.
Der neue Umsatz beträgt 12,24 Millionen.

zu (B): Der Wachstumsfaktor beträgt 0,98.
Die alte Größe erhält man, indem man 12 Millionen durch 0,98 dividiert.
Die Produktion lag vorher bei 12 244 898 Stück.

zu (C): Der Wachstumsfaktor beträgt 1,02.
Die alte Größe erhält man, indem man 12,24 Millionen durch 1,02 dividiert.
Der alte Wert betrug 12 Millionen.

3

Korrigiert werden muss jeweils:
in a) Wachstumsrate: 0,25; Wachstumsfaktor: $1 + 0,25 = 1,25$
in b) Zu-/Abnahme: -27; Wachstumsrate: $-3\% = -0,03$
in c) Zu-/Abnahme: $+18$; Wachstumsfaktor: $1 + 0,4 = 1,4$

4

a) $p\% = 6,4\%$ $q = 1,064$
Es wurden 28 000 t Butter mehr produziert.
b) $p\% = -3\%$ $q = 0,97$
Im 2. Quartal 2008 wurden 2 288 660 Computer ausgeliefert.
c) $p\% = -90\%$ $q = 0,1$
Die Seefläche war vor vier Jahrzehnten 25 000 km² groß.

Exponentielles Wachstum, Seite 41

1

a) $p\%$: $(1,164 - 1,149)$ Mill. : 1,149 Mill. $= 1,030\,55\% \approx 1,31\%$
q: $1 + 0,0131 = 1,0131$
b) 1995: 1,226 Milliarden
2000: 1,149 Milliarden $\cdot 1,0131^{10} \approx 1,3087$ Milliarden
2005: 1,149 Milliarden $\cdot 1,0131^{15} \approx 1,3967$ Milliarden
c)

	1990 bis 1995	1995 bis 2000	2000 bis 2005
$p\%$	5,57%	4,62%	3,39%
q	1,0557	1,0462	1,0339

d) Das Wachstum steigt langsamer als angenommen. Das bedeutet, dass kein echtes exponentielles Wachstum vorliegt: Die Kurve verläuft flacher.

2

a) Verdoppelungen

b)

Minuten	Bakterienzahl	n	Rechnung
0	400	0	$400 \cdot 2^0$
30	800	1	$400 \cdot 2^1$
60	1600	2	$400 \cdot 2^2$
90	3 200	3	$400 \cdot 2^3$
120	6 400	4	$400 \cdot 2^4$
150	12 800	5	$400 \cdot 2^5$
180	25 600	6	$400 \cdot 2^6$
390	3 276 800	13	$400 \cdot 2^{13}$

c) $9 \cdot 30 = 270$ Minuten
d) Die Anzahl halbiert sich jeweils, wenn man rückwärts rechnet.

30 min vorher: 200   60 min vorher: 100
90 min vorher: 50   120 min vorher: 25

3

a) Wachstumsrate $p\% = 4,25\%$
Wachstumsfaktor $q = 1,0425$
Endkapital G_{30}: $5\,000\,€ \cdot 1,0425^{30} = 17\,428,18\,€$
b)

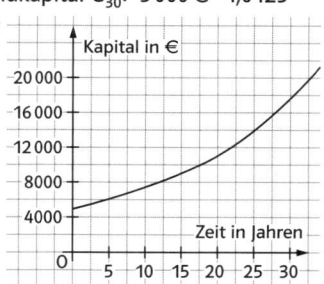

c) $10\,000\,€ = 5\,000\,€ \cdot 1,0425^x$; $x \approx 16,65$
Nach etwa 17 Jahren verdoppelt sich das Kapital.

Exponentielle Abnahme, Seite 42

1

a)

Aufprall	0	1	2	3	4	5	6	7	8
Höhe in m	2	1,45	1,05	0,76	0,55	0,40	0,29	0,21	0,15

b) $W_n = 2 \cdot (1 - 0,275)^n = 2 \cdot 0,725^n$
c) Ab dem dritten Aufprall erreicht der Ball die Höhe von 1 m nicht mehr.

2

Nach drei Stunden ist nur halb so viel Koffein im Blut.
a)

	Koffeingehalt im Blut in mg		
Zeit	Cola	Cola light	Energy
0 h	–	–	–
1 h	50	60	160
4 h	25	30	80
7 h	12,5	15	40
10 h	6,25	7,5	20
13 h	3,13	3,75	10
16 h	1,56	1,88	5

b) Bei Cola und Cola light wird dieser Wert nach einem Zeitraum zwischen 10 und 13 Stunden jeweils unterschritten; bei Energy erst nach 16 Stunden.

3

a) Für Flüssigkeit A ist q = 0,9, für Flüssigkeit B ist q = 0,7.

Zeit in min	Flüssigkeit A	Flüssigkeit B
0	80 °C	100 °C
5	72 °C	70 °C
10	64,8 °C	49 °C
15	58,3 °C	34,3 °C
...		
25	47,2 °C	(*)

(*) hängt von der Raumtemperatur ab

b) Nach 25 Minuten hat die erste eine Temperatur unter 50 °C, nach 10 Minuten die zweite Flüssigkeit.

4

a) Anzahl Pflanzen: 900 (600)
$G_n = 1500 - n \cdot 300$
b) Anzahl Pflanzen: 960 (768)
$G_n = 1500 \cdot 0,8^n$
c) $1500 - n \cdot 300 = \frac{1}{2} \cdot 1500$
$n = 2,5$
$1500 \cdot 0,8^n = \frac{1}{2} \cdot 1500$
$0,8^n = \frac{1}{2}$
durch Ausprobieren: $n \approx 4$

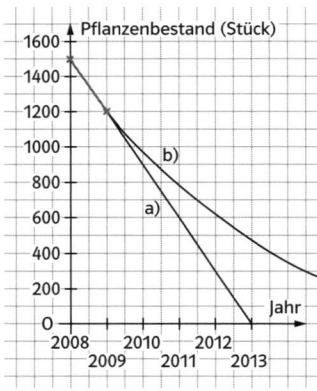

Bei linearer Abnahme wird sich der Bestand nach 2,5 Jahren, bei exponentieller Abnahme nach ca. 3 Jahren halbiert haben.

Exponentialfunktion, Seite 43

1

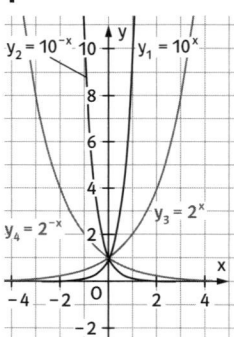

x	−3	−2	−1	0	1	2	3
y_1	0,001	0,01	0,1	1	10	100	1000
y_2	1000	100	10	1	0,1	0,01	0,001
y_3	0,125	0,25	0,5	1	2	4	8
y_4	8	4	2	1	0,5	0,25	0,125

Alle Funktionsgraphen gehen durch den Punkt (0 | 1).
Die Graphen von y_2 bzw. y_4 erhält man durch Spiegelung der Graphen von y bzw. y_3 an der y-Achse.

2

Zusammen gehören:
$y = 0,5^x$ und $0,25 = a^2$ und P(2 | 0,25) und E.
$y = 4^x$ und $16 = a^2$ und Q(2 | 16) und A.
$y = 3^x$ und $27 = a^3$ und S(3 | 27) und D.
$y = 2^x$ und $16 = a^4$ und R(4 | 16) und C.
$y = 5^x$ und $125 = a^3$ und T(3 | 125) und B.

3

Graph	Term	x					
		−3	−1	0	0,5	1	2
B	$y = 3 \cdot 2^x$	0,375	1,5	3	4,243	6	12
C	$y = 2 \cdot 3^x$	0,074	0,667	2	3,464	6	18
F	$y = 0,25 \cdot 2^x$	0,031	0,125	0,25	0,354	0,5	1
D	$y = 4 \cdot 1^x$	4	4	4	4	4	4
A	$y = 0,1 \cdot 0,2^x$	12,5	0,5	0,1	0,045	0,02	0,004
E	$y = 5 \cdot 0,1^x$	5000	50	5	1,581	0,5	0,05

4

Die erste, dritte, sechste und achte Aussage sind richtig.
Lösungswort: UNTERTASSEN

Üben und Wiederholen
Üben und Wiederholen (1), Seite 44

1

a) Ergänzen: drei nicht weiße Kugeln (schwarze und/oder rote)
b) Ergänzen: eine schwarze und eine rote Kugel
c) Ergänzen: vier rote Kugeln

2

Siehe Tabelle 1, Seite 21.

3

a) (1) m = 1;   b = 0;   y = x
(2) $m = \frac{1}{2}$;   b = −2; $y = \frac{1}{2}x - 2$
(3) m = −2;   b = −2; $y = -2x - 2$
(4) $m = \frac{1}{4}$;   b = 4; $y = \frac{1}{4}x + 4$
(5) m = 4;   b = −5; $y = 4x - 5$
(6) $m = -\frac{3}{4}$;   b = 6,5; $y = -\frac{3}{4}x + 6,5$

b) Einsetzen von P(2,5 | −3) und Q(4 | −2) in die allgemeine Geradengleichung $y = mx + b$ ergibt ein lineares Gleichungssystem, das z. B. mit dem Additionsverfahren gelöst werden kann:
(1)   −3 = 2,5 m + b
(2)   −2 = 4 m + b
(2) − (1) 1 = 1,5 m | : 1,5
$\frac{2}{3} = m$; $m = \frac{2}{3}$ in (2) eingesetzt, ergibt $b = -\frac{14}{3}$.
(7) $m = \frac{2}{3}$; $b = -\frac{14}{3}$; $y = \frac{2}{3}x - \frac{14}{3}$

c)

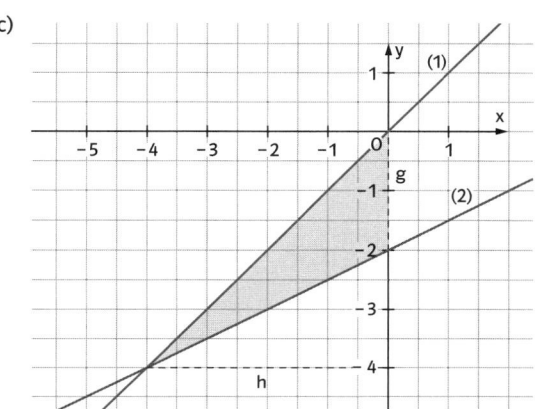

Flächeninhalt des Dreiecks: $A = 0,5 \cdot g \cdot h = 0,5 \cdot 2 \cdot 4 = 4\,\text{FE}$

4

a)

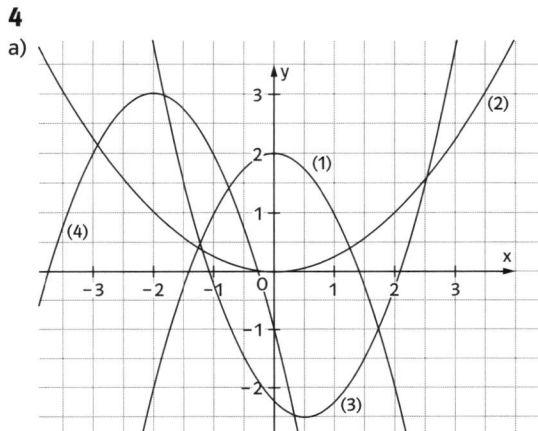

b)

Parabel	Scheitel	Öffnung	Form
(1)	$(0\,|\,3)$	nach unten	wie Normalparabel
(2)	$(0\,|\,0)$	nach oben	breiter als Normalparabel
(3)	$(0,5\,|\,{-2,5})$	nach oben	wie Normalparabel
(4)	$(-2\,|\,3,5)$	nach unten	wie Normalparabel

Üben und Wiederholen (2), Seite 45

5

a)

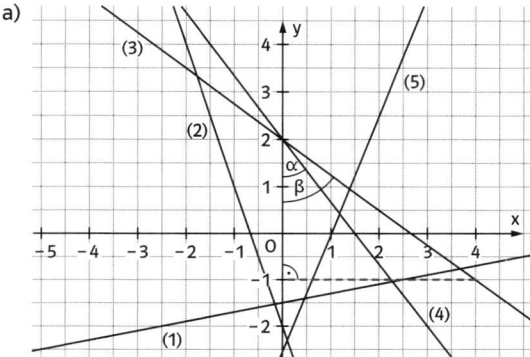

b) Punkt $(2\,|\,2,5)$ in $y = 2,5\,x + b$ einsetzen: $(5)\ y = 2,5\,x - 2,5$

6

a) $y = \frac{1}{3}x^2 - 2$

b) $y = -(x - 2)^2 - 1,5$

c) $y = (x + 3)^2 + 4$

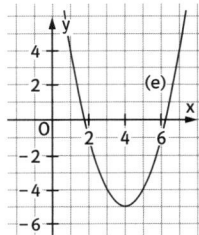

d) $A(2\,|\,7)$ und $B(-2\,|\,7)$ in
$y = x^2 + px + q$ einsetzen:
(1) $7 = 4 + 2p + q$
(2) $7 = 4 - 2p + q$
(1) + (2): $14 = 8 + 2q$
$\qquad\qquad q = 3$
$q = 3$ in (1) eingesetzt ergibt $p = 0$
Funktionsgleichung: $y = x^2 + 3$

e) $P(2\,|\,{-1})$ und $Q(7\,|\,4)$ in
$y = x^2 + px + q$ einsetzen:
(1) $-1 = 4 + 2p + q$
(2) $\ \ 4 = 49 + 7p + q$
$(2) - (1):\ 5 = 45 + 5p \qquad |-45$
$\qquad\quad -40 = 5p \qquad\qquad |:5$
$\qquad\quad -8 = p$
$p = -8$ in (1) eingesetzt
ergibt $q = 11$
Funktionsgleichung:
$y = x^2 - 8x + 11$ (Normalform)
$y = x^2 - 8x + 16 + 11 - 16$
$y = (x - 4)^2 - 5$ (Scheitelpunktform)

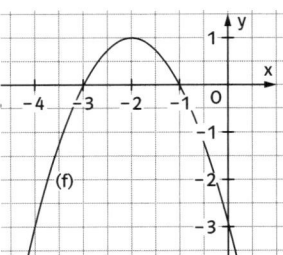

f) Aus der Öffnung der verschobenen Normalparabel
und der Lage der beiden
Nullstellen ergibt sich für
den Scheitelpunkt $S(-2\,|\,1)$.
Funktionsgleichung:
$y = -(x + 2)^2 + 1$

Wahrscheinlichkeit	Glas 1	Glas 2	Glas 3	Glas 4	Tabelle 1
einen grauen Fisch erhalten	$\frac{3}{12} = \frac{1}{4}$	0	$\frac{3}{10}$	$10\,\% = \frac{1}{10}$	
einen schwarzen oder weißen Fisch erhalten	$\frac{7}{12}$	1	0	$65\,\% = \frac{65}{100}$	
einen orangen oder grauen Fisch erhalten	$\frac{5}{12}$	0	1	$35\,\% = \frac{35}{100}$	
keinen schwarzen Fisch erhalten	$1 - \frac{3}{12} = \frac{9}{12} = \frac{3}{4}$	$\frac{4}{11}$	1	$85\,\% = \frac{85}{100}$	

7

a) Das Dreieck kann nicht berechnet werden, da die Zerlegung von c nicht bekannt ist.

b) $h_b = c \cdot \sin\alpha$
$\quad\quad = 7{,}2 \cdot \sin 39{,}0° \approx 4{,}53\,\text{cm}$

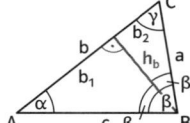

$b_1 = \sqrt{c^2 - h_b^2}$
$\quad\quad = \sqrt{7{,}2^2 - 4{,}53^2}\,\text{cm} \approx 5{,}60\,\text{cm}$

$\beta_1 = 180° - 90° - \alpha$
$\quad\quad = 180° - 90° - 39{,}0° = 51{,}0°$

$\beta_2 = \beta - \beta_1 = 81{,}0° - 51{,}0° = 30{,}0°$

$b_2 = h_b \cdot \tan\beta_2 = 4{,}53\,\text{cm} \cdot \tan 30{,}0° \approx 2{,}62\,\text{cm}$

$b = b_1 + b_2 = 5{,}60\,\text{cm} + 2{,}62\,\text{cm} = 8{,}2\,\text{cm}$

$a = \sqrt{h_b^2 + b_2^2} = \sqrt{4{,}53^2 + 2{,}62^2}\,\text{cm} \approx 5{,}2\,\text{cm}$

$\gamma = 180° - \alpha - \beta = 180° - 39{,}0° - 81{,}0° = 60{,}0°$

c) $h_a = c \cdot \sin\beta$
$\quad\quad = 7{,}2 \cdot \sin 81{,}0° \approx 7{,}11\,\text{cm}$

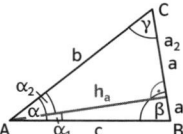

$a_1 = \sqrt{c^2 - h_a^2}$
$\quad\quad = \sqrt{7{,}2^2 - 7{,}11^2}\,\text{cm} \approx 1{,}13\,\text{cm}$

$\alpha_1 = 180° - 90° - \beta$
$\quad\quad = 180° - 90° - 81{,}0° = 9{,}0°$

$\alpha_2 = \alpha - \alpha_1 = 39° - 9° = 30{,}0°$

$a_2 = h_a \cdot \tan\alpha_2 = 7{,}11\,\text{cm} \cdot \tan 30{,}0° \approx 4{,}10\,\text{cm}$

$a = a_1 + a_2 = 1{,}13\,\text{cm} + 4{,}10\,\text{cm} = 5{,}23\,\text{cm}$

$b = \sqrt{h_a^2 + a_2^2} = \sqrt{7{,}11^2 + 4{,}10^2}\,\text{cm} \approx 8{,}2\,\text{cm}$

$\gamma = 180° - \alpha - \beta = 180° - 39{,}0° - 81{,}0° = 60{,}0°$

Wenn nur eine Seite eines Dreiecks gegeben ist, sollte diese nicht zerlegt werden, da sonst für die Berechnung nötige Informationen verloren gehen.

8

a)

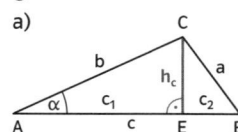

b) Lösungsschritte:

1. Trigonometrische Funktion: $\overline{EC} = b \cdot \sin\alpha = 6{,}8\,\text{cm} \cdot \sin 25{,}4°$
$\approx 2{,}9\,\text{cm}$ (alternativ kann auch $\overline{AE}$ berechnet werden)

2. Satz des Pythagoras: $\overline{AE} = \sqrt{b^2 - \overline{EC}^2} = \sqrt{6{,}8^2 - 2{,}92^2}\,\text{cm}$
$\approx 6{,}1\,\text{cm}$ (alternativ wird dann hier $\overline{EC}$ berechnet)

3. Flächeninhalt berechnen:
$A_1 = \frac{1}{2} \cdot \overline{AE} \cdot \overline{EC} = \frac{1}{2} \cdot 6{,}1\,\text{cm} \cdot 2{,}9\,\text{cm} \approx 8{,}8\,\text{cm}^2 \approx 9{,}0\,\text{cm}^2$

4. Zusammenhang nutzen: $A_2 = \frac{1}{3} \cdot A_1 = 3{,}0\,\text{cm}^2$

5. Flächeninhalt berechnen: $A_2 = \frac{1}{2} \cdot \overline{EB} \cdot \overline{EC}$

$\overline{EB} = \frac{2 \cdot A_2}{\overline{EC}} = \frac{2 \cdot 3{,}0\,\text{cm}^2}{2{,}9\,\text{cm}} \approx 2{,}1\,\text{cm}$

6. Satz des Pythagoras:
$a = \sqrt{\overline{EB}^2 + \overline{EC}^2} = \sqrt{2{,}1^2 + 2{,}9^2}\,\text{cm} \approx 3{,}6\,\text{cm}$

7. Umfang berechnen:
$u = a + b + \overline{AE} + \overline{EB} = 3{,}6\,\text{cm} + 6{,}8\,\text{cm} + 6{,}1\,\text{cm} + 2{,}1\,\text{cm} = 18{,}6\,\text{cm}$

8. Flächeninhalte addieren:
$A_{ges} = A_1 + A_2 = 9{,}0\,\text{cm}^2 + 3{,}0\,\text{cm}^2 = 12{,}0\,\text{cm}^2$

Üben und Wiederholen (3), Seite 46

9

a) $(x + 8)^2 = x^2 + 16x + 64$

b) $(3x - 12)^2 = 9x^2 - 72x + 144$

c) $(6y + 5x)^2 = 36y^2 + 60xy + 25x^2$

d) $81 + 18a + a^2 = (9 + a)^2$

e) $(3x - 4)^2 = 9x^2 - 24x + 16$

f) $0{,}25 + 8x + 64x^2 = (0{,}5 + 8x)^2$

g) $(2x + 8)^2 = 4x^2 + 32x + 64$

h) $(3 + 5x)^2 = 9 + 30x + 25x^2$

i) $z^2 - 28z + 196 = (z - 14)^2$

10

a)

$x^2 + 8x - 9 = 0 \quad |+9$
$x^2 + 8x = 9 \quad\quad |+\left(\frac{8}{2}\right)^2$
$x^2 + 8x + 16 = 25$
$(x + 4)^2 = 25$
$x + 4 = \pm 5 \quad |-4$
$x_1 = 1; \quad x_2 = -9$
Probe: $(1)^2 + 8 \cdot 1 - 9 = 0$
$\quad\quad 1 + 8 - 9 = 0$
$\quad\quad\quad\quad 0 = 0$
$\quad (-9)^2 + 8 \cdot (-9) - 9 = 0$
$\quad\quad 81 - 72 - 9 = 0$
$\quad\quad\quad\quad 0 = 0$

$x^2 + 8x - 9 = 0$
$p = 8; \quad q = -9$
$x_{1,2} = -4 \pm \sqrt{(-4)^2 - (-9)}$
$x_{1,2} = -4 \pm \sqrt{16 + 9}$
$x_{1,2} = -4 \pm 5$
$x_1 = 1; \quad x_2 = -9$

b) Es gehören jeweils zusammen:

$x^2 - 4x - 21 = 0; \quad x_{1,2} = 2 \pm \sqrt{(-2)^2 + 21}; \quad x_1 = 7; \quad x_2 = -3$

$x^2 + 8x = 9; \quad (x + 4)^2 = 25; \quad x_1 = 1; \quad x_2 = -9$

$x^2 - 12x = -45; \quad (x - 6)^2 = -9; \quad L = \{\}$

$x^2 - 6x + 8{,}75 = 0; \quad x_{1,2} = 3 \pm \sqrt{3^2 - 8{,}75}; \quad x_1 = 3{,}5; \quad x_2 = 2{,}5$

$x^2 + 18x = -32; \quad (x + 9)^2 = 49; \quad x_1 = -2; \quad x_2 = -16$

$x^2 + 3x + 2{,}25 = 0; \quad x_{1,2} = -1{,}5 \pm \sqrt{1{,}5^2 - 2{,}25}; \quad x = -1{,}5$

11

a) $-3x - 3 - 2x^2 - x - 2x - 1 = 8 - 6x$
$\quad\quad -2x^2 - 6x - 4 = 8 - 6x \quad |+6x + 4$
$\quad\quad\quad\quad -2x^2 = 12 \quad\quad |:(-2)$
$\quad\quad\quad\quad x^2 = -6$

$L = \{\}$

b) $4x^2 - 12x + 9 - 4x - 7 = 4x - 6x^2 + 2$
$\quad 4x^2 - 16x + 2 = -6x^2 + 4x + 2 \quad |+6x^2 - 4x - 2$
$\quad\quad 10x^2 - 20x = 0 \quad\quad |:10$
$\quad\quad x^2 - 2x = 0$
$\quad\quad\quad x_{1,2} = 1 \pm \sqrt{1^2 - 0}$
$x_1 = 2; \quad x_2 = 0$

c) $5 + 10x + 5x^2 = 2x^2 - 20x - 4 - 12x + 9$
$\quad 5 + 10x + 5x^2 = 2x^2 - 32x + 5 \quad |-2x^2 + 32x - 5$
$\quad\quad 3x^2 + 42x = 0 \quad\quad |:3$
$\quad\quad x^2 + 14x = 0$
$\quad\quad\quad x_{1,2} = -7 \pm \sqrt{7^2 - 0}$
$x_1 = 0; \quad x_2 = -14$

d) $16x^2 + 24x + 9 - 6x - 54 = 25x^2 - 20x + 4 - 9x^2 + 42x - 49$
$\quad 16x^2 + 18x - 45 = 16x^2 + 22x - 45 \quad |-16x^2 - 18x + 45$
$\quad\quad\quad 0 = 4x \quad\quad |:4$
$\quad\quad\quad x = 0$

e) $36 + 12x + x^2 - 2x - 2x^2 + 1 + x + 2x^2 = -5x - 2$
$\quad\quad x^2 + 11x + 37 = -5x - 2 \quad\quad |+5x + 2$
$\quad\quad x^2 + 16x + 39 = 0$
$\quad\quad\quad\quad x_{1,2} = -8 \pm \sqrt{8^2 - 39}$
$x_1 = -3; \quad x_2 = -13$

f) $3x^2 - 6x + 3 + 9 = 4x^2 - 36 - 4x^2 + 24x$

$\qquad 3x^2 - 6x + 12 = 24x - 36 \qquad | -24x + 36$

$\qquad 3x^2 - 30x + 48 = 0 \qquad\qquad | : 3$

$\qquad x^2 - 10x + 16 = 0$

$\qquad\qquad x_{1,2} = 5 \pm \sqrt{(-5)^2 - 16}$

$x_1 = 8; \qquad x_2 = 2$

g) $16x - 22 - 35x^2 + 14x + 30x - 12 = -36x^2 + 60x - 25$

$\qquad -35x^2 + 60x - 34 = -36x^2 + 60x - 25$

$\qquad\qquad\qquad | + 36x^2 - 60x + 25$

$\qquad x^2 - 9 = 0 \qquad | + 9$

$\qquad\qquad x^2 = 9$

$x_1 = 3; \qquad x_2 = -3$

h) $3x^2 - 24x + 48 - x^2 + 25 = 4 - x^2 + 12x - 36$

$\qquad 2x^2 - 24x + 73 = -x^2 + 12x - 32 \qquad | + x^2 - 12x + 32$

$\qquad 3x^2 - 36x + 105 = 0 \qquad\qquad | : 3$

$\qquad x^2 - 12x + 35 = 0$

$\qquad\qquad x_{1,2} = 6 \pm \sqrt{(-6)^2 - 35}$

$x_1 = 7; \qquad x_2 = 5$

Üben und Wiederholen (3), Seite 47

12

a) $P(2) = \frac{4}{12} = \frac{1}{3};$ $\qquad P(3) = \frac{1}{12};$ $\qquad P(4) = \frac{2}{12} = \frac{1}{6}$

$P(5) = \frac{3}{12} = \frac{1}{4};$ $\qquad P(7) = \frac{2}{12} = \frac{1}{6}$

b) $P(12) = P(5) \cdot P(7) + P(7) \cdot P(5) = \frac{1}{4} \cdot \frac{1}{6} + \frac{1}{6} \cdot \frac{1}{4} = \frac{1}{12}$

13

a) $P(\text{graues Kärtchen}) = \frac{5}{15} = \frac{1}{3}$

b) $P(\text{ungerade Zahl}) = \frac{9}{15} = \frac{3}{5}$

c) $P(\text{graues Kärtchen oder ungerade Zahl}) = \frac{1}{3} + \frac{3}{5} - \frac{3}{15}$

Man muss von der Summe der beiden Einzelwahrscheinlichkeiten noch $\frac{3}{15}$ abziehen, da man 3 Kärtchen doppelt gezählt hat.

14

Aufgaben und Lösungshinweise gehören wie folgt zusammen:

A1 → L1; A2 → L1; A3 → L1; A4 → L7; A5 → L4;

A6 → L6; A7 → L5; A8 → L8; A9 → L2; A10 → L3

15

a) Wertetabelle C; $\quad y = (x + 3)^2 - 3{,}5;$ $\quad$ um 3 Längeneinheiten nach links und 3,5 Längeneinheiten nach unten verschobene Normalparabel

b) Wertetabelle D; $\quad y = x^2 - 3x + 4{,}75;$ $\quad$ nach oben geöffnet und nur ein Achsenschnittpunkt

c) Wertetabelle B; $\quad y = -4x^2 + 5;$ $\quad$ nach unten geöffnet und schmaler als eine Normalparabel

d) Wertetabelle A; $\quad y = -(x - 2{,}5)^2;$ $\quad$ nach unten geöffnet und N(2,5|0) als einzige Nullstelle

Hinweis: Die Funktionsgleichungen $y = x^2 + 3x + 4{,}75$ und $y = x^2 - 3x + 4{,}75$ müssen zuerst durch quadratische Ergänzung in die Scheitelpunktform umgewandelt werden, dann kann das passende Schaubild zugeordnet werden.

Beilage zum Arbeitsheft Schnittpunkt   **ISBN** 978-3-12-742726-4

Zeichnungen/Illustrationen: Arnold & Domnick, Leipzig; druckmedienzentrum GmbH, Gotha; media office gmbh, Kornwestheim
Uwe Alfer, Waldbreitbach; Dorothee Wolters, Köln
DTP/Satz: Arnold & Domnick, Leipzig

24

1 Lösen Sie die Gleichung ohne Taschenrechner.

a) $x^2 = 121$ _____

$x_1 =$ _____ ; $x_2 =$ _____

b) $x^2 + 28 = 109$ _____

_____ $x^2 =$ _____

$x_1 =$ _____ ; $x_2 =$ _____

c) $x^2 - \frac{25}{36} = 0$ _____

_____

$x_1 =$ _____ ; $x_2 =$ _____

d) $x^2 - 0{,}04 = 0$ _____

_____

$x_1 =$ _____ ; $x_2 =$ _____

2 Geben Sie die Lösungsmenge an. Runden Sie gegebenenfalls auf zwei Nachkommaziffern.

a) $3x^2 - 19 = 29$ $\quad\underline{\ |+19\ }$

$\underline{\quad 3x^2 =\quad}$ $\quad\underline{\ |\ }$ _____

_____ _____

$x_1 =$ _____ ; $x_2 =$ _____

b) $0{,}4x^2 - 2{,}2 = 1$ _____

_____

_____

$x_1 =$ _____ ; $x_2 =$ _____

c) $\frac{1}{4}x^2 - 5 = 0$ _____

_____

_____

$x_1 =$ _____ ; $x_2 =$ _____

3 Lösen Sie die Gleichung.

a) $(x + 3)^2 = 1$ $\quad\underline{\ |\sqrt{}\ }$

$\underline{\ x + 3 = \pm 1\ }$ $\quad\underline{\ |-3\ }$

$\underline{\qquad x = \pm 1 - 3}$

$x_1 =$ _____ ; $x_2 =$ _____

b) $(x - 5)^2 - 64 = 0$ _____

_____

_____

_____

$x_1 =$ _____ ; $x_2 =$ _____

c) $0{,}5(x - 9)^2 = 40{,}5$ _____

_____

_____

_____

$x_1 =$ _____ ; $x_2 =$ _____

4 Füllen Sie die Lücken.

a) $x^2 + 14x +$ _____ $= (x + 7)^2$

c) $z^2 +$ _____ $+ 9 = (z + 3)^2$

e) $a^2 + 7a +$ _____ $= ($ _____ $)^2$

b) $y^2 - 18y + 81 = (y -$ _____ $)^2$

d) _____ $- 26u +$ _____ $= (u$ _____ $)^2$

f) _____ $-$ _____ $v +$ _____ $= ($ _____ $- 4)^2$

> 1. binomische Formel:
> $(a + b)^2 = a^2 + 2ab + b^2$
> 2. binomische Formel:
> $(a - b)^2 = a^2 - 2ab + b^2$

5 Lösen Sie die Gleichung mithilfe der quadratischen Ergänzung.

a) $\quad x^2 + 6x + 5 = 0$ $\qquad\underline{\ |-5\ }$

$\qquad x^2 + 6x =\ \underline{\ -5\ }$

$x^2 + 6x +\ \underline{+ \left(\frac{6}{2}\right)^2}\ = -5 + \left(\frac{6}{2}\right)^2$

$\qquad x^2 + 6x\ \underline{+\ 9}\ = -5\ \underline{+\ 9}$

$\qquad (x + 3)^2 = 4$ $\qquad\underline{\ |\ }$ _____

$\qquad\quad x + 3 =$ _____ $\qquad\underline{\ |\ }$ _____

_____

$x_1 =$ _____ ; $x_2 =$ _____

> quadr. Ergänzung

b) $x^2 - 4x - 12 = 0$

_____

_____

_____

_____

_____

_____

$x_1 =$ _____ ; $x_2 =$ _____

c) $x^2 + 9x + 2\frac{1}{2} = 12\frac{1}{2}$

_____

_____

_____

_____

_____

_____

1 Zeichnen Sie den Graphen der Funktion und lesen Sie dann die Nullstellen der Funktion ab.

Nullstellen sind:

(A) $y = (x - 1)^2 - 1$ $x_1 =$ _____

(B) $y = (x + 1)^2$ _____

(C) $y = x^2 - 2{,}25$ _____

(D) $y = (x - 2)^2 + 1$ _____

Keine Nullstelle hat die Funktion _____ .

_____ Nullstelle hat die Funktion (B). Die Funktionen

_____ und _____ haben _____ Nullstellen.

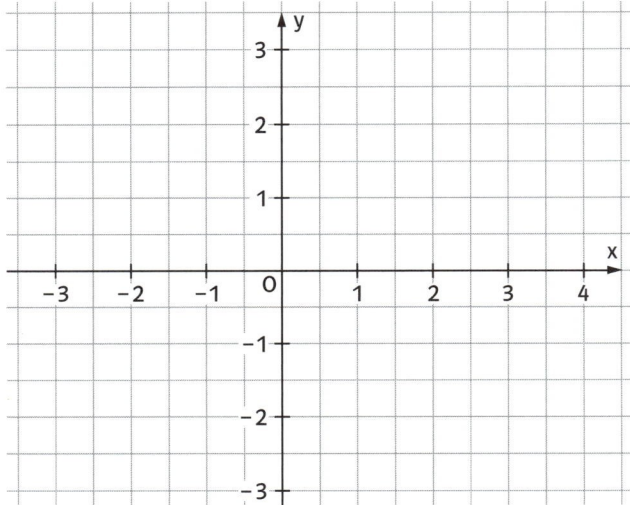

2 Berechnen Sie die Nullstellen der Funktion.

a) $y = x^2 - 16$

$\underline{0 = x^2 - 16} \ | \ \underline{+}$

_____ $| \ \sqrt{\ }$

$x_1 =$ _____ ; $x_2 =$ _____

b) $y = x^2 - 1{,}21$

$\underline{0 =}$ _____

_____

$x_1 =$ _____ ; $x_2 =$ _____

c) $y = (x + 3)^2 - 1$

$\underline{0 = (x + 3)^2 - 1} \ | \ \underline{+}$

$\underline{1 =}$ _____ $| \ \sqrt{\ }$

$\underline{\pm 1 = x_{1,2} +}$ _____

$x_1 =$ _____ ; $x_2 =$ _____

d) $y = (x - 5)^2 - 64$

_____ $+$ _____

_____ $| \ \sqrt{\ }$ _____

_____

$x_1 =$ _____ ; $x_2 =$ _____

3 Bringen Sie die Funktionsgleichung zuerst auf die Scheitelpunktform. Geben Sie dann die Nullstellen an.

a) $y = x^2 - 4x + 3$

_____

_____

_____

$x_1 =$ _____ ; $x_2 =$ _____

b) $y = x^2 + 6x + 10$

_____

_____

_____

_____

c) $y = x^2 - 8x + 16$

_____

_____

_____

_____

4 Wie viele Nullstellen hat die Funktion?

	Funktions-gleichung	Scheitel-punkt	Anzahl der Nullstellen		
			keine	eine	zwei
a)	$y = (x + 2)^2 - 5$		○	○	○
b)	$y = x^2 + 4$		○	○	○
c)	$y = (x - 5)^2 + 9$		○	○	○
d)	$y = (x - 3)^2$		○	○	○
e)	$y = x^2 - 2$		○	○	○

5 Geben Sie zu den Nullstellen die Koordinaten des Scheitelpunkts der verschobenen Normalparabel an. Stellen Sie dann die Funktionsgleichung auf.
Tipp: Machen Sie sich eine Skizze.

a) $x_1 = -3$; $x_2 = -1$

S (_____ | _____)

$y =$ _____

b) $x_1 = -1$; $x_2 = 3$

S (_____ | _____)

$y =$ _____

c) $x_1 = -1$; $x_2 = 1$

S (_____ | _____)

$y =$ _____

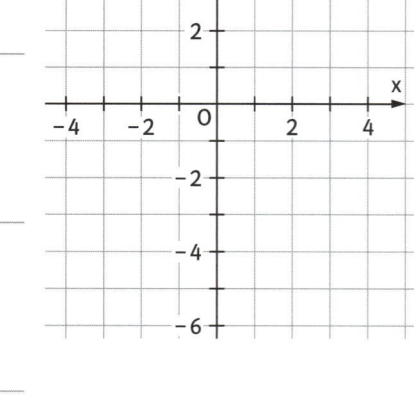

6 Bestimmen Sie die Lösungen rechnerisch mithilfe der p-q-Formel.

a) $x^2 - 8x + 7 = 0$

$p = \boxed{}$, $q = \boxed{}$

$x_{1,2} = -\dfrac{\boxed{}}{2} \pm \sqrt{\left(\dfrac{\boxed{}}{2}\right)^2 - \boxed{}}$

$x_{1,2} = $ _____

$x_{1,2} = $ _____

$x_{1,2} = $ _____

$x_1 = $ _____ und $x_2 = $ _____

b) $x^2 + 3x - 10 = 0$

$p = \boxed{}$, $q = \boxed{}$

$x_{1,2} = $ _____

$x_{1,2} = $ _____

$x_{1,2} = $ _____

$x_{1,2} = $ _____

$x_1 = $ _____ und $x_2 = $ _____

c) $x^2 - 7x - 30 = 0$

_____

$x_{1,2} = $ _____

$x_{1,2} = $ _____

$x_{1,2} = $ _____

$x_{1,2} = $ _____

$x_1 = $ _____ und $x_2 = $ _____

7 Ergänzen Sie die Tabelle.

Quadratische Gleichung	Einsetzen in p-q-Formel	Wert der Diskriminante	Anzahl der Lösungen	Lösungen, falls vorhanden
a) $x^2 + 4x - 21 = 0$	$x_{1,2} = -2 \pm \sqrt{2^2 + 21}$	$2^2 + 21 = 25 > 0$		
b) $x^2 - 6x + 9 = 0$				
c) $x^2 - 3x + 8 = 0$				
d) $x^2 + 14x + 24 = 0$				
e) $x^2 + 3x + 2{,}25 = 0$				
f) $x^2 - 10x + 30 = 0$				

8 Multiplizieren Sie die Gleichung so, dass vor x^2 der Faktor 1 steht und lösen Sie sie dann.

a) $3x^2 + 15x + 18 = 0$ | _____

_____

$x_{1,2} = $ _____

$x_{1,2} = $ _____

$x_{1,2} = $ _____

$x_1 = $ _____ ; $x_2 = $ _____

b) $\frac{1}{2}x^2 - 8x + 27\frac{1}{2} = 0$ | _____

_____

_____

_____

_____

$x_1 = $ _____ ; $x_2 = $ _____

c) $4\left(2x^2 - \frac{1}{2}x\right) = 1$ | _____

_____

_____

_____

_____

$x_1 = $ _____ ; $x_2 = $ _____

9 Verbinden Sie zusammengehörige Kärtchen. Tipp: Es gehören jeweils vier Kärtchen zusammen.

$L = \{-1 - \sqrt{2}; -1 + \sqrt{2}\}$

$0{,}5x^2 + x - 0{,}5 = 0$

$3x^2 - 6x + 3 = 0$

$x_{1,2} = -1 \pm \sqrt{1 - 1}$

$x_{1,2} = 1 \pm \sqrt{1 + 1}$

$L = \{1 - \sqrt{2}; 1 + \sqrt{2}\}$

$x_{1,2} = 1 \pm \sqrt{1 - 1}$

$x^2 - 2x - 1 = 0$

$x^2 - 2x + 1 = 0$

$x_{1,2} = -1 \pm \sqrt{1 + 1}$

$x^2 + 2x - 1 = 0$

$L = \{-1\}$

$5x^2 + 10x + 5 = 0$

$2{,}5x^2 - 5x - 2{,}5 = 0$

$x^2 + 2x + 1 = 0$

$L = \{1\}$

1 Bestimmen Sie die gemeinsamen Schnittpunkte der Parabeln rechnerisch.

a) (1) $y = (x - 3)^2 + 4$ (2) $y = -x^2 + 6x + 3$ b) (1) $y = -x^2 + 4x - 3$ (2) $y = x^2 - 1$

_____ = _____ | _____   _____ = _____ | _____

_____ = _____ | _____   _____ = _____ | _____

_____ = _____ | _____   _____ = _____ | _____

_____ = _____ | _____   _____ = _____ | _____

$P_1 = ($ _____ | _____ $)$ $P_2 = ($ _____ | _____ $)$ $P_1 = ($ _____ | _____ $)$ $P_2 = ($ _____ | _____ $)$

2 Berechnen Sie die Schnittpunkte zwischen Parabel und Gerade.

a) (1) $y = x^2 - 2x + 3$ (2) $y = x + 3$ b) (1) $y = -(x - 1)^2 + 4$ (2) $y = -2x + 7$

_____ = _____ | _____   _____ = _____ | _____

_____ = _____ | _____   _____ = _____ | _____

_____ = _____ | _____   _____ = _____ | _____

_____ = _____ | _____   _____ = _____ | _____

$P_1 = ($ _____ | _____ $)$ $P_2 = ($ _____ | _____ $)$ $P_1 = ($ _____ | _____ $)$ $P_2 = ($ _____ | _____ $)$

3 Bestimmen Sie die Schnittpunkte der Graphen der Funktionen zeichnerisch und rechnerisch.

a) (1) $y = x^2 + 4x + 1$ (2) $y = -x^2 - 2x + 1$

_____ = _____ | _____

_____ = _____ | _____

_____ = _____ | _____

_____ = _____ | _____

$P_1 = ($ _____ | _____ $)$ $P_2 = ($ _____ | _____ $)$

b) (1) $y = x^2 - 3x + 0{,}75$ (2) $y = -x + 2$

_____ = _____ | _____

_____ = _____ | _____

_____ = _____ | _____

_____ = _____ | _____

$P_1 = ($ _____ | _____ $)$ $P_2 = ($ _____ | _____ $)$

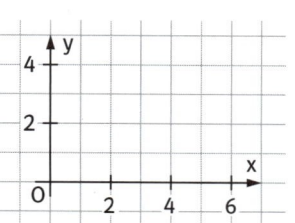

4 Lösen Sie im Kopf: Wie viele gemeinsame Punkte haben die Graphen der Funktionen?

a) (1) $y = (x + 2)^2 - 1$
    (2) $y = -(x + 2)^2 + 1$

b) (1) $y = x^2 + x - 1$
    (2) $y = x^2 - 1$

c) (1) $y = x^2 - 3$
    (2) $y = 3x + 4$

d) (1) $y = (x - 2)^2 + 1$
    (2) $y = -(x - 2)^2 - 1$

_____ Punkt(e)   _____ Punkt(e)   _____ Punkt(e)   _____ Punkt(e)

5 Die Punkte $P(1 |$ _____ $)$ und $Q(4 |$ _____ $)$ liegen auf der Parabel mit der Funktionsgleichung $y_1 = (x - 2)^2 + 1$. Die Geradengleichung des Graphen, welcher die gegebene Parabel in den Punkten P und Q schneidet, lautet:

$y_2 =$ _____ .

Fertigen Sie eine Skizze an.

1 Eine zwischen zwei Masten durchhängende Hochspannungsleitung hat die Form einer Parabel. Geben Sie die Funktionsgleichung unter Berücksichtigung des Ursprungs des Koordinatensystems und der Umweltbedingungen an. (Die Leitung hängt unterschiedlich weit durch.) [T1]

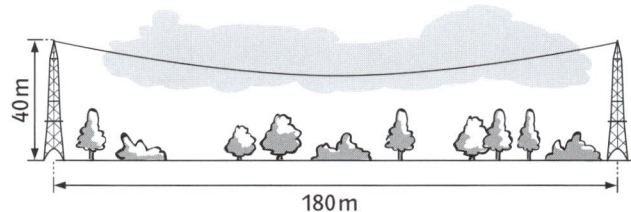

40 m

180 m

	Der Ursprung liegt im Scheitelpunkt.	Der Ursprung liegt in der Spitze des linken Mastes.	Der Ursprung liegt im Fußpunkt des linken Mastes.
Das Kabel hängt 8 m durch.	y =	y =	y =
Im Hochsommer hängt es 16 m durch.	y =	y =	y =
Im vereisten Zustand hängt es 24 m durch.	y =	y =	y =

2 Die Flugbahn einer Kugel beim Stoßen lässt sich beschreiben mit $y = -0,04 x^2 + 1,8$ (dabei ist x die Weite und y die Höhe in m).

a) Nach zwei Metern horizontalen Fluges hat die Kugel eine Höhe von

_____ Metern über der Abwurfhöhe.

b) Wenn die Kugel eine Höhe von einem Meter über der Abwurfhöhe hat, ist sie horizontal bereits _____ Meter weit geflogen.

c) Ihre maximale Höhe von _____ Metern über der Abwurfhöhe erreicht die Kugel nach _____ Metern horizontalen Fluges.

3 Ein Basketballspieler wirft in einer 7,5 m hohen Halle den Ball entsprechend der Funktionsgleichung $y = -0,16 x^2 + 4$ genau in Richtung Korb und trifft. Der Korb hängt 0,7 m höher als der Abwurfpunkt.

a) Skizzieren Sie die Wurfparabel. (Die x-Achse stellt die Abwurfhöhe dar, also die Höhe Null.)

b) Der Abwurfpunkt war genau _____ Meter vom Korb entfernt.

c) Die Höhendifferenz zwischen Ball und Korb betrug im Maximum _____ Meter.

d) Ein Werfer der Gegenmannschaft hat aus dem Stand heraus einen genialen Wurf, der der Funktionsgleichung $y = -0,1 x^2 + 6,2$ folgt. Welche Tatsache hat den Korbtreffer aus über 14 m Entfernung verhindert? [T2]

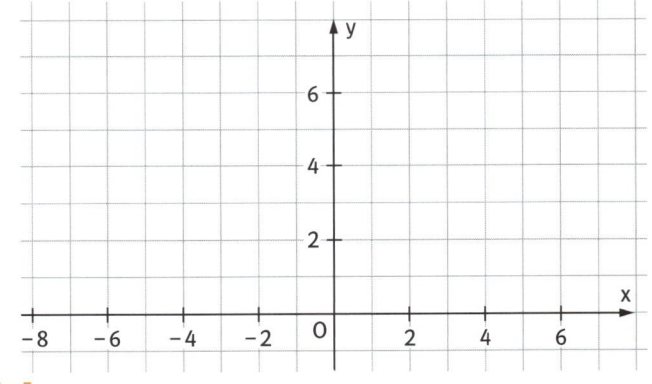

_____

_____

_____

[T2] Beachten Sie den Eingangstext für diese Aufgabe.

[T1] Berechnen Sie zunächst die Funktionsgleichung in der Form $y = a \cdot x^2 + c$ und bestimmen Sie hier a und c für den Fall, dass der Ursprung gleichzeitig Scheitelpunkt ist. Verschieben Sie dann den Ursprung und überlegen Sie, welcher Scheitelpunkt daraus folgt.

1 Ergänzen Sie die Gleichungen zu der Strahlensatzfigur.

a)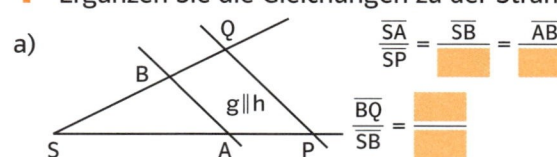

$\dfrac{\overline{SA}}{\overline{SP}} = \dfrac{\overline{SB}}{\boxed{}} = \dfrac{\overline{AB}}{\boxed{}}$

$\dfrac{\overline{BQ}}{\overline{SB}} = \dfrac{\boxed{}}{\boxed{}}$

b)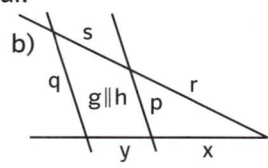

$\dfrac{x}{y} = \dfrac{\boxed{}}{\boxed{}}$

$\dfrac{x}{x+y} = \dfrac{r}{\boxed{}} = \dfrac{\boxed{}}{\boxed{}}$

2 In den orangen Lösungen stecken insgesamt sechs Fehler. Finden und korrigieren Sie sie.

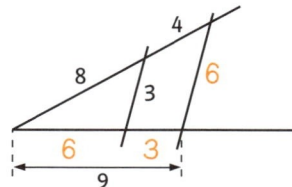
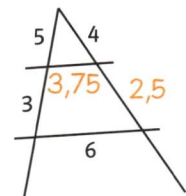
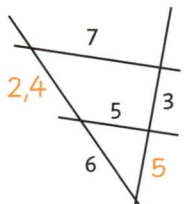
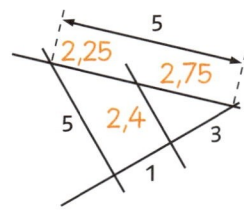

3 Berechnen Sie alle fehlenden Stücke. Ergänzen Sie dabei zunächst die Strahlensatzgleichungen. In Teilaufgabe b) sind drei Stücke gleich lang.

a)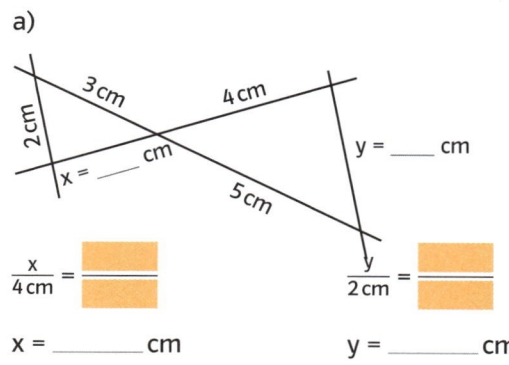

$x = \_\_\_$ cm $y = \_\_\_$ cm

$\dfrac{x}{4\,\text{cm}} = \dfrac{\boxed{}}{\boxed{}}$ $\dfrac{y}{2\,\text{cm}} = \dfrac{\boxed{}}{\boxed{}}$

$x = _____$ cm $y = _____$ cm

b)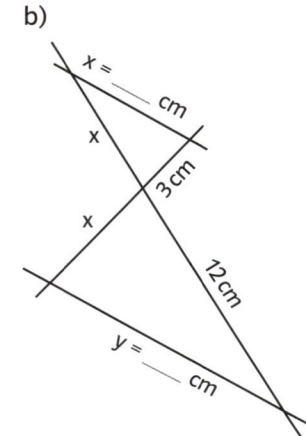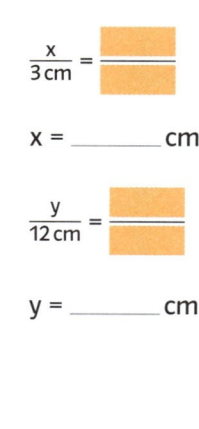

$x = \_\_\_$ cm

$y = \_\_\_$ cm

$\dfrac{x}{3\,\text{cm}} = \dfrac{\boxed{}}{\boxed{}}$

$x = _____$ cm

$\dfrac{y}{12\,\text{cm}} = \dfrac{\boxed{}}{\boxed{}}$

$y = _____$ cm

4 Berechnen Sie die fehlenden Längen. Kennzeichnen Sie zunächst die gegebenen Stücke in der Skizze farbig.

Skizze	a)	b)	c)	d)
$\overline{SA}$	6 cm	3 mm		10 dm
$\overline{SP}$	10 cm		3 dm	
$\overline{SB}$	8 cm		15 cm	0,5 m
$\overline{SQ}$		8 mm		7 dm
$\overline{AB}$	3 cm	2 mm	0,7 dm	
$\overline{PQ}$		4 mm	10,5 cm	84 cm

1 Eine Mauer wirft zu einer bestimmten Uhrzeit einen Schattenstreifen, der 9,4 m breit ist. Luc stellt sich so in diesen Schattenraum, dass er gerade keinen sichtbaren Schatten mehr erzeugt. Luc ist 1,75 m groß und steht 8 m von der Mauer entfernt. Ergänzen Sie die Zeichnung, stellen Sie eine Strahlensatzgleichung auf und berechnen Sie die Höhe h der Mauer.

h = _____ m

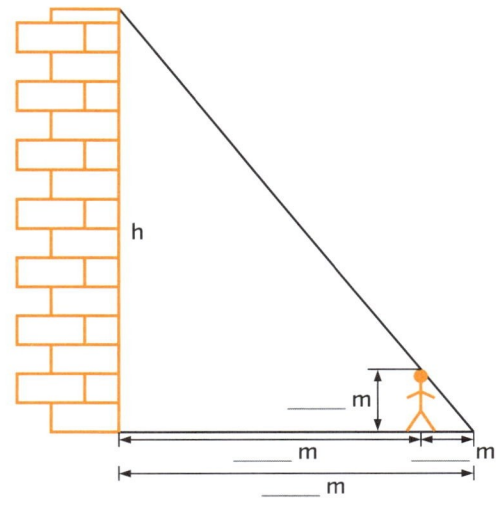

2 Bei einer Lochkamera wird das Bild eines Gegenstands mithilfe einer kleinen Öffnung auf einem Schirm (Rückwand der Box) erzeugt. Im Physikunterricht wird meist das Bild einer Kerzenflamme untersucht.

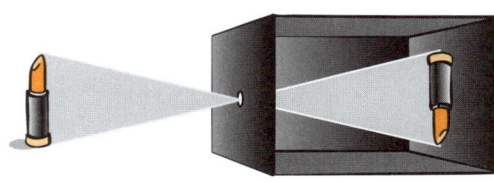

a) Wenn der Abstand vom Loch zum Schirm größer wird, so wird das Bild ☐ größer/☐ kleiner/☐ gleich groß.

b) Wird der Abstand vom Gegenstand zum Loch größer, so wird das Bild ☐ größer/☐ kleiner/☐ gleich groß.

c) Ein Lippenstift ist 6 cm hoch und der Abstand vom Loch zum Schirm beträgt 10 cm. Damit das Bild des

Lippenstifts 1 cm groß wird, muss er _____ cm vor dem Loch platziert werden.

3 Johanna ist bei der Schulaufführung eines Schattentheaters beteiligt. Sie wird von einem Scheinwerfer angestrahlt und ihr Schatten fällt auf eine Leinwand, die sich zwischen ihr und dem Publikum befindet.

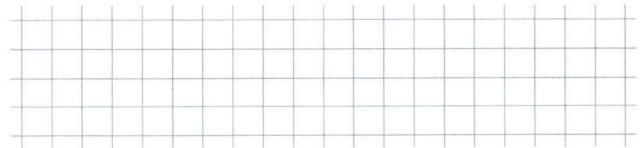

Scheinwerfer   Johanna   Leinwand

a) Wenn sich Johanna der Leinwand nähert, so

wird ihr Schatten _____ (größer/kleiner).

b) Johanna stellt sich genau in die Mitte zwischen Scheinwerfer und Leinwand. Ihr Schatten ist dann

_____ wie sie.

c) Nun stellt sie sich so, dass es 3 m bis zum Scheinwerfer und 7 m bis zur Leinwand sind. Johanna

ist 1,59 m groß. Johannas Schatten ist dann _____ m groß. (Rechnen und zeichnen Sie rechts.)

4 Kim sieht aus dem Fenster des Klassenzimmers einen Kirchturm. Bei ausgestrecktem Arm verdeckt ihre waagerechte Daumenbreite den Turm gerade vollständig. Sie überlegt, ob sie mithilfe der Strahlensätze berechnen kann, wie hoch der Kirchturm ist. Sie misst ihre Daumenbreite (12 mm) und die Länge ihres ausgestreckten Arms (70 cm). Welche Angabe fehlt ihr, damit sie die Höhe des Kirchturms berechnen kann?

1 Markieren Sie im rechtwinkligen Dreieck jeweils Ankathete, Gegenkathete und Hypotenuse von α. Geben Sie dann zu jedem Dreieck $\sin\alpha$, $\cos\alpha$ und $\tan\alpha$ als Bruch an.

a)

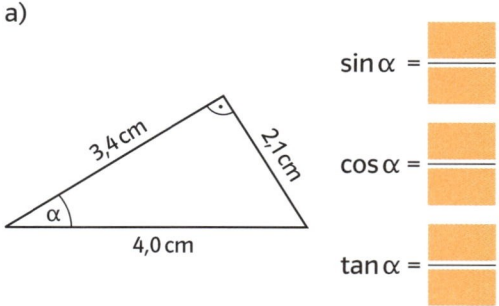

$\sin\alpha = \overline{}$

$\cos\alpha = \overline{}$

$\tan\alpha = \overline{}$

b)

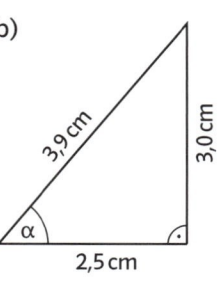

$\sin\alpha = \overline{}$

$\cos\alpha = \overline{}$

$\tan\alpha = \overline{}$

2 Schreiben Sie alle unterschiedlichen Möglichkeiten auf.

$\sin\;\square = \dfrac{}{c}$ $\sin\;\square = \dfrac{}{c}$

$\sin\;\square = \dfrac{}{c}$ $\sin\;\square = \dfrac{}{c}$

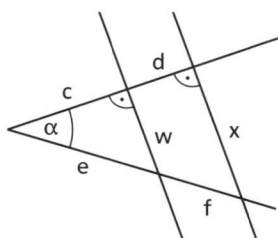

$\cos\;\square = \dfrac{}{c}$ $\cos\;\square = \dfrac{}{c}$

$\cos\;\square = \dfrac{}{c}$ $\cos\;\square = \dfrac{}{c}$

3 Richtig oder falsch? Kreuzen Sie an und korrigieren Sie die Fehler in den Seitenverhältnissen.

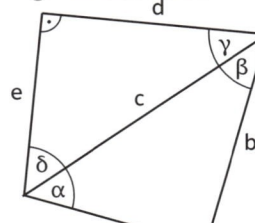

	Seitenverhältnis	richtig	falsch	Korrektur
a)	$\sin\alpha = \frac{c}{w}$	◯	⊗	$\sin\alpha = \frac{w}{e}$
b)	$\sin\alpha = \frac{x}{e+f}$	◯	◯	
c)	$\cos\alpha = \frac{c}{e}$	◯	◯	
d)	$\tan\alpha = \frac{x}{d}$	◯	◯	
e)	$\cos\alpha = \frac{c+d}{e+f}$	◯	◯	

4 Es ist $\tan\alpha = \frac{3}{2}$. Skizzieren Sie zwei Dreiecke mit diesem Seitenverhältnis.

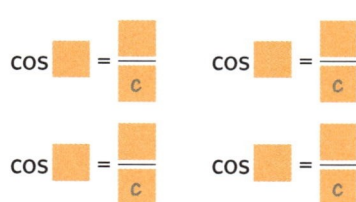

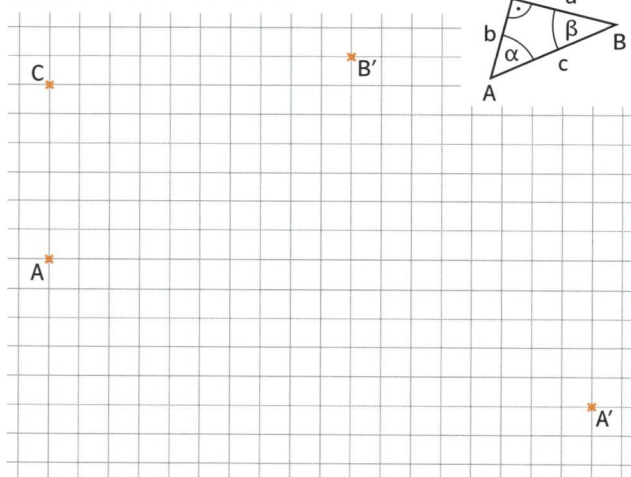

5 Kreuzen Sie richtige Aussagen an.

	a)	b)	c)	d)
$\sin\alpha < \cos\alpha$	◯	◯	◯	◯
$\tan\beta = 0{,}75$	◯	◯	◯	◯
$\cos\beta = \sin\alpha$	◯	◯	◯	◯
$\tan\alpha = 1$	◯	◯	◯	◯
$\sin\beta = \cos\beta$	◯	◯	◯	◯

a)

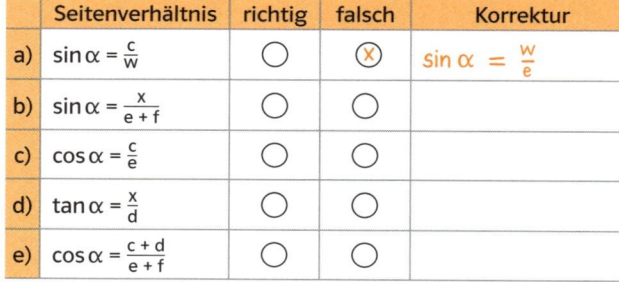

b)

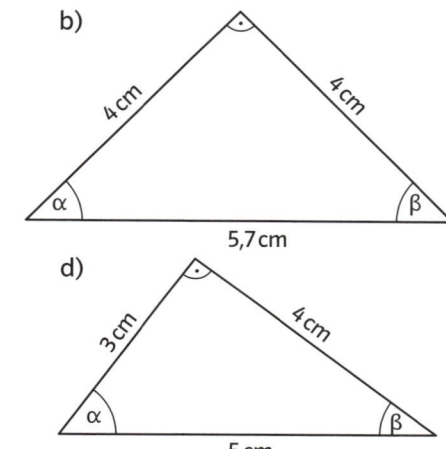

c)

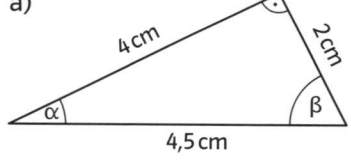

d)

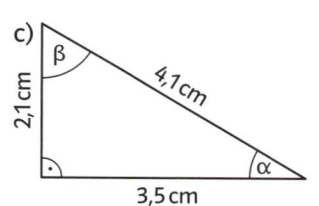

1 Ordnen Sie die Kärtchen A bis D den Dreiecken passend zu. Achten Sie darauf, dass die unbekannten Winkel und Seiten nur mit den vorgegebenen Werten berechnet werden.

a)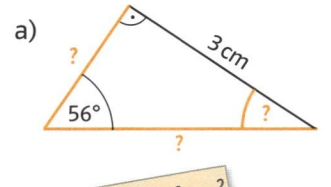

A $\begin{vmatrix} a^2 + b^2 = c^2 \\ \tan \alpha = \frac{a}{b} \\ \tan \beta = \frac{b}{a} \end{vmatrix}$

b)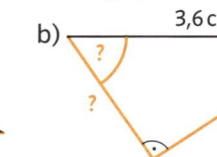

B $\begin{vmatrix} \alpha + \beta = 90° \\ \sin \alpha = \frac{a}{c} \\ \cos \alpha = \frac{b}{c} \end{vmatrix}$

c)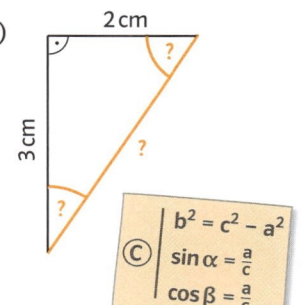

C $\begin{vmatrix} b^2 = c^2 - a^2 \\ \sin \alpha = \frac{a}{c} \\ \cos \beta = \frac{a}{c} \end{vmatrix}$

d)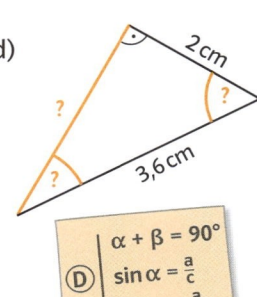

D $\begin{vmatrix} \alpha + \beta = 90° \\ \sin \alpha = \frac{a}{c} \\ \tan \alpha = \frac{a}{b} \end{vmatrix}$

2 Ein Turm ist 8 m von einem geradlinig verlaufenden Fluss entfernt. Von der Aussichtsplattform in 20 m Höhe erscheint das jenseitige Flussufer unter einem Winkel von α = 50°. Wie breit ist der Fluss?

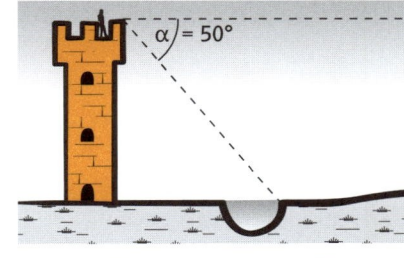

a) Welche Skizze passt zur Aufgabe? Kreuzen Sie sie an.

b) Bestimmen Sie x mit _____ 40° = ▭ . x ≈ _____ m

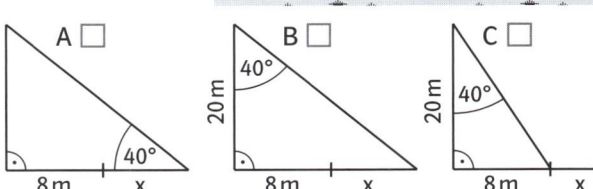

3 Es geht abwärts.

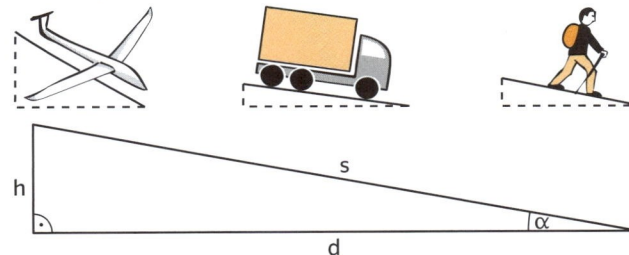

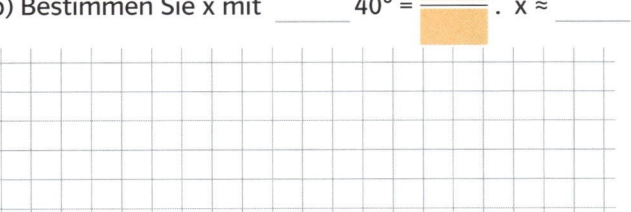

h: Höhenunterschied
s: zurückgelegte Wegstrecke
d: Distanz (auf die horizontale Grundebene bezogener Abstand)

Ergänzen Sie die Tabelle. **[T1; T2]**

	α	m	h	d	s
Segelflieger	3,4°			605 m	
Autofahrer		11,5 %			600 m
Wanderer			35,2 m		300 m

Welche Bewegung ist am steilsten?

_____

_____

Segelflieger: _____ α = _____ h ≈ _____

α = ▭ s ≈ _____

m = _____ α m ≈ _____

Autofahrer: _____ α = _____ α ≈ _____

α = ▭

α = ▭ h ≈ _____

d ≈ _____

Wanderer: _____ α = ▭ α ≈ _____

m = _____ α m ≈ _____

α = ▭ d ≈ _____

Wer überwindet den größten Höhenunterschied?

_____

[T1] m = tan α

[T2] Auch bei Gefälle wird auf Straßenschildern die Steigung in positiven Prozentzahlen angegeben. Beispiel: m = – 0,05 entspricht 5 % Gefälle.

1 Von dem allgemeinen Dreieck sind bekannt: a = 4 cm; b = 2,5 cm; α = 65°. Tragen Sie alle Bezeichnungen und die bekannten Werte in die Skizze ein. Nummerieren Sie die Gleichungen in der Reihenfolge, die Sie zur Berechnung der fehlenden Winkel und Strecken nutzen. Führen Sie die Berechnungen durch.

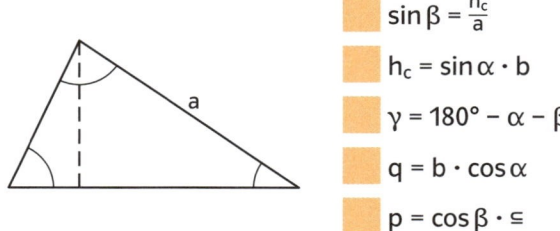

$\sin\beta = \dfrac{h_c}{a}$

$h_c = \sin\alpha \cdot b$

$\gamma = 180° - \alpha - \beta$

$q = b \cdot \cos\alpha$

$p = \cos\beta \cdot \subseteq$

_____

_____

_____

_____

_____

2 Die Tabelle zeigt, welche Teile eines Dreiecks bekannt sind. Wie müssen Sie das Dreieck zerlegen, um alle anderen Teile nacheinander berechnen zu können? Beschriften Sie die Dreiecke. Ergänzen Sie die Tabelle.

	a	b	c	α	β	γ	einzeichnen
a)		✓	①		✓	✓	h_a
b)	✓	✓		✓			
c)	✓	✓	✓				
d)	✓				✓	✓	

a)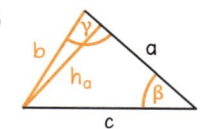

b)

c)

d)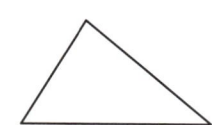

3 Tragen Sie die geeignete Höhe h zum Zerlegen des Dreiecks ein. Berechnen Sie alle Winkel und alle Seiten.

a)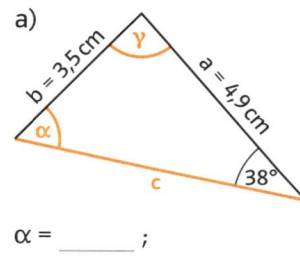

α = _____ ;

γ = _____ ; c = _____

b)

α = _____ ;

β = _____ ; a = _____

4 Berechnen Sie den Flächeninhalt der Dreiecke. Es sind manchmal mehr Angaben notiert, als nötig. Achtung: In jeder Formel finden Sie einen Fehler. Korrigieren Sie ihn, bevor Sie rechnen.

a) a = 3 cm; c = 3,6 cm; β = 50°; A = 0,5 · a · b · sin β

_____

b) b = 6 cm; h_b = 1,8 cm; γ = 40°; A = 0,5 · h_b · sin γ

_____

c) α = 45°; a = 4 cm; b = 4 cm; A = 0,5 · b · c

_____

d) a = 4,5 cm; b = 3 cm; β = 33°; A = a · b · sin γ

_____

_____

5 Der Radius des Kreises ist r = 1,6 cm. Berechnen Sie die Fläche des Fünfecks.

Die fünf Teildreiecke sind _____
Dreiecke. Der Mittelpunktswinkel eines Teildreiecks

beträgt γ = _____ °.
Die Dreieckshöhe ist h = r · sin _____ ≈ _____ cm,

die Grundseite c = 2 · r · cos _____ ≈ _____ cm.

Die Fläche eines Teildreiecks ist

A_D ≈ _____ cm².

Die Gesamtfläche ist

A_G = _____ .

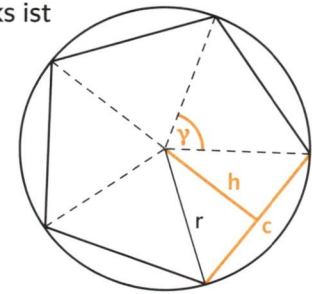

1 a) Tragen Sie die Winkel- und Seitenbenennungen (α, β, γ, a, b und c) in die Dreiecke ein. Untersuchen Sie jedes Dreieck darauf, ob die angegebenen Winkelgrößen und Seitenlängen ausreichen, um den Sinussatz oder den Kosinussatz anzuwenden. Kreuzen Sie in der Tabelle entsprechend an.

Dreieck	1	2	3	4	5
Kosinussatz	○	○	○	○	○
Sinussatz	○	○	○	○	○
unbestimmt	○	○	○	○	○

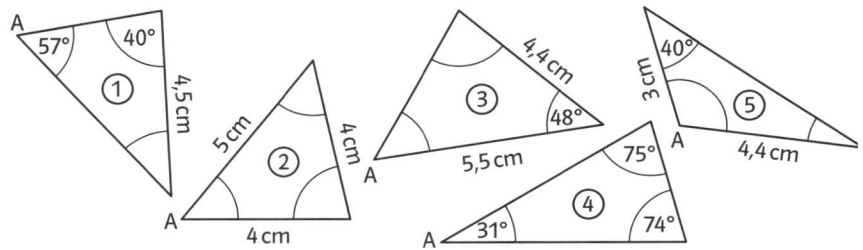

b) Setzen Sie bei den passenden Dreiecken ein und berechnen Sie:

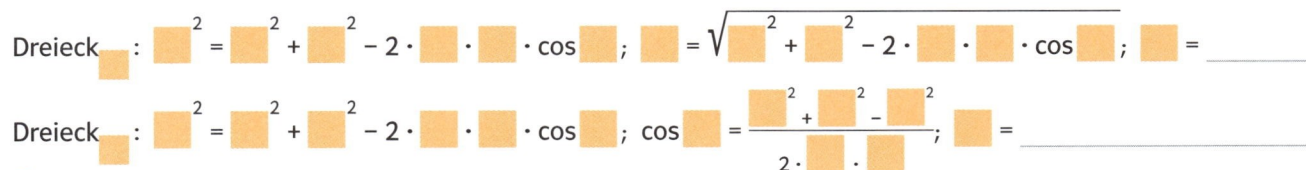

Dreieck ⬛ : ⬛² = ⬛² + ⬛² − 2 · ⬛ · ⬛ · cos ⬛ ; ⬛ = √(⬛² + ⬛² − 2 · ⬛ · ⬛ · cos ⬛) ; ⬛ = _____

Dreieck ⬛ : ⬛² = ⬛² + ⬛² − 2 · ⬛ · ⬛ · cos ⬛ ; cos ⬛ = (⬛² + ⬛² − ⬛²) / (2 · ⬛ · ⬛) ; ⬛ = _____

2 Ein Sportverein startet beim Familienfest einen besonderen Wettlauf. Eltern und Kinder starten gleichzeitig bei A. Während die „Großen" rund um das Dreieck ACB zurück zum Start laufen, nehmen die „Kleinen" die Abkürzung entlang der Höhenlinie h.

a) Berechnen Sie die Länge der kürzeren Laufstrecke.

Kosinussatz: _____ $\beta \approx$ _____

Dreieck PBC: h = _____

_____

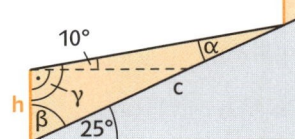

b) Bestimmen Sie, wie viel Mal schneller die „Großen" laufen müssen, um das Ziel genauso schnell wie die „Kleinen" zu erreichen. [T1]

_____ Die „Großen" müssen _____ -mal oder _____ % schneller laufen.

3 An einem 50 m langen Berghang mit dem Neigungswinkel 25° sollen Terrassen für die Bepflanzung angelegt werden. Die Stützmauern werden 1,50 m hoch. Der Boden hat dann nur noch 10° Neigung.

a) Berechnen Sie die Länge der Strecke, die ein Terrassenstück am Hang bedeckt. Wie viele Terrassen müssen mindestens angelegt werden?

$\alpha = 180° −$ _____ ; $\gamma =$ _____

_____

b) Berechnen Sie den Flächenquerschnitt einer Terrasse. Berechnen Sie das Volumen des Erdbodens, der auf einem 200 m breiten Stück aufgeschüttet wird.

A = _____ V = _____

4 Acht Schritte führen von den ablesbaren Daten zur Größe des Winkels γ_2. Nummerieren Sie die Schritte mit 1 bis 8. Berechnen Sie dann γ_2. $\gamma_2 \approx$ _____

| β_2: Ergänzungswinkel | α_1: Winkelsumme | β_1: Ergänzungswinkel |

| α_2: Sinussatz | b: Sinussatz | α_3: Sinussatz |

| c: Kosinussatz | γ_2: Sinussatz | γ_1: Winkelsumme | d: Kosinussatz |

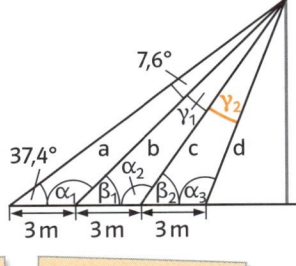

[T1] Berechnen Sie, wie viel Prozent der Weg länger ist.

1 Laura und Sören berechnen den Flächeninhalt eines Vierecks auf zwei verschiedene Arten. Führen sie beide Berechnungen durch und tragen Sie dabei die Zwischenergebnisse in die Skizzen ein.

a) Laura rechnet:

Das Dreieck ABC ist

_____ und

_____ .

Flächeninhalt:

$A_{ABC} = $ _____

$\gamma_2 = c - 45° = $ _____ ; $e = \sqrt{a^2 + b^2} \approx $ _____

$A_{ACD} = $ _____

Gesamtfläche:

$A_{ABCD} = $ _____

b) Sören rechnet:

Im _____
Dreieck HCD ist

$h = $ _____ cm

$b_2 = $ _____ cm

$A_{HCD} = $ _____ cm^2

$b_1 = $ _____ cm

Flächeninhalt des Vierecks:

$A_{ABHE} = $ _____ cm^2

Flächeninhalt des Dreiecks: $A_{ADE} = $ _____

Gesamtfläche: $A_{ABCD} = $ _____

c) Beschreiben Sie, worin sich die beiden Ansätze unterscheiden: _____

_____

2 Sie stehen an einer rechtwinkligen Weggabelung **A**. In 7 km Entfernung (Luftlinie) liegt der Ort **C**ellstadt, den Sie erreichen möchten. Entscheiden Sie sich für den rechten Weg, kommen Sie nach 5 km zur **B**urg und biegen Sie dort im rechten Winkel nach links ab. Der zweite Weg führt von **A** nach links. Nach 3 km kommen Sie zum **D**orf und biegen schräg rechts ab nach Cellstadt. Bestimmen Sie den kürzeren Weg. Erstellen Sie eine Planskizze und berechnen Sie die Weglängen.

$\overline{BC}$ mit Pythagoras: _____

∢ BAC mit cos: _____

∢ CAD mit 90°-Ergänzung: _____

$h_{\overline{AC}}$ im Dreieck ACD mit sin: _____

Strecke von A zum Fußpunkt von $h_{\overline{AC}}$ mit Pythagoras: _____

obere Teilstrecke von $\overline{AC}$: _____

$\overline{DC}$ nun mit Pythagoras: _____

Die Differenz zwischen linkem und rechtem Weg beträgt _____ km.

Mit _____ km ist der _____ Weg der kürzere.

3 Eine Schülergruppe erstellt einen Längsschnitt einer Abraumhalde. Den Steigungswinkel des ersten Anstiegs messen sie mit $\alpha = 33{,}7°$. Der Weg $\overline{AD}$ ist 72 m lang. Weitere 41 m sind es bis zum Gipfel in 50 m Höhe. Nach 78 m Abstieg ist Punkt B erreicht.

a) Bestimmen Sie die Größe der Schnittfläche: _____ m^2. Tragen Sie Daten und Hilfslinien in die Skizze ein.

_____

_____

b) Welches Volumen hat die Halde bei einer Seitenlänge von 100 m? _____

4 a) Kreuzen Sie die Eigenschaften der Dreiecke an. K liegt in der Mitte der Strecke $\overline{FG}$.

b) Benennen Sie rechte Winkel und gleich lange Seiten der Dreiecke.

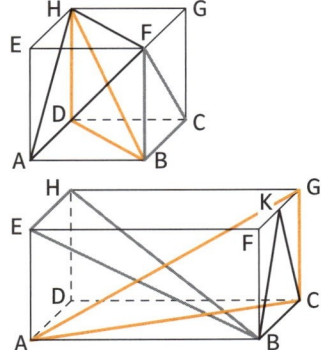

	rechtwinklig	gleichschenklig	gleichseitig
Δ AFH	○	○	⊗ $\overline{AF} = \overline{FH} = \overline{AH}$
Δ BHD	○	○	○
Δ BCF	○	○	○
Δ ACG	○	○	○
Δ BCK	○	○	○
Δ EBH	○	○	○

5 Die quadratische Pyramide hat eine Grundkantenlänge von a = 18 cm und eine Höhe von h = 24 cm.

a) Zeichnen Sie den Winkel α zwischen der Grundfläche und einer Seitenfläche sowie den Winkel β zwischen der Grundfläche und einer Seitenkante s ein.

b) Beschriften Sie eine Skizze der Stütz- bzw. Hilfsdreiecke. Berechnen Sie die Größe der Winkel α und β.

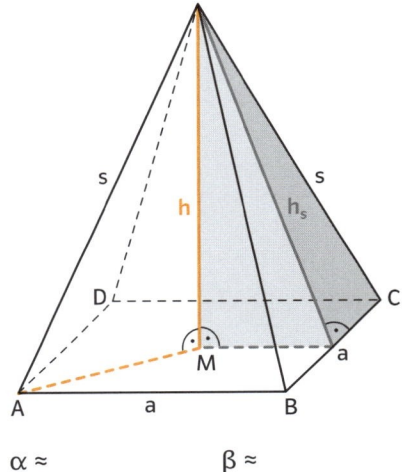

α ≈ _____   β ≈ _____

6 a) Ein Quader hat die Kantenlängen a = 5 cm, b = 4 cm und c = 3 cm. Schneidet man den Quader wie abgebildet durch, erhält man ein Viereck BCHE, in dem β liegt. Färben Sie das rechtwinklige Dreieck, in dem β liegt. Berechnen Sie nun β. [T1]

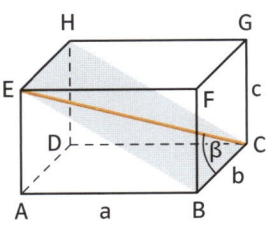

β ≈ _____

b) Im gleichen Quader soll nun der Winkel α berechnet werden. Zeichnen Sie zuerst eine geeignete Schnittfläche ein (nutzen Sie dazu geeignete Hilfslinien). [T2]

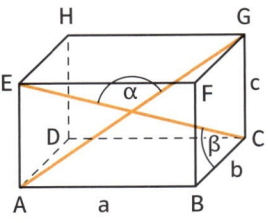

α ≈ _____

[T2] Betrachten Sie das Rechteck ACGE. Der Schnittpunkt der Diagonalen liegt auf halber Höhe.

[T1] Berechnen Sie zunächst $\overline{EB}$ als Flächendiagonale mithilfe des Satzes von Pythagoras.

1 Bestimmen Sie zeichnerisch Näherungswerte.

a) $\sin 70° \approx$ _0,94_

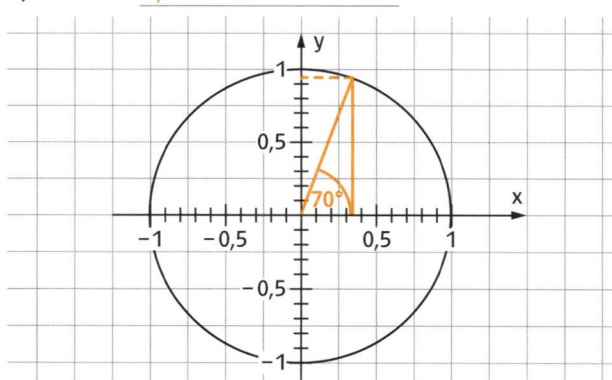

b) $\cos 120° \approx$ _____

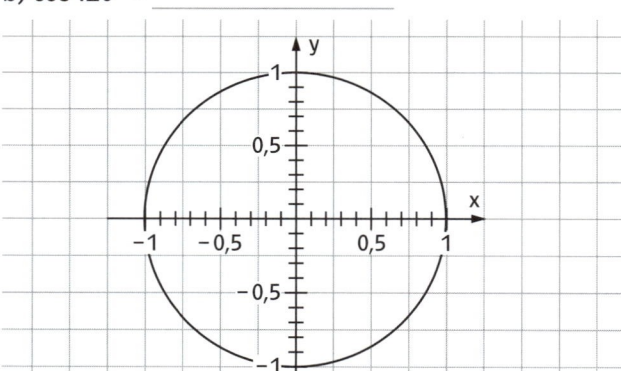

c) $\sin 250° \approx$ _____

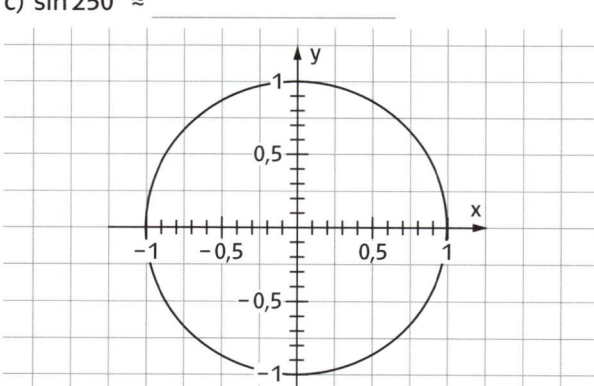

d) $\cos 320° \approx$ _____

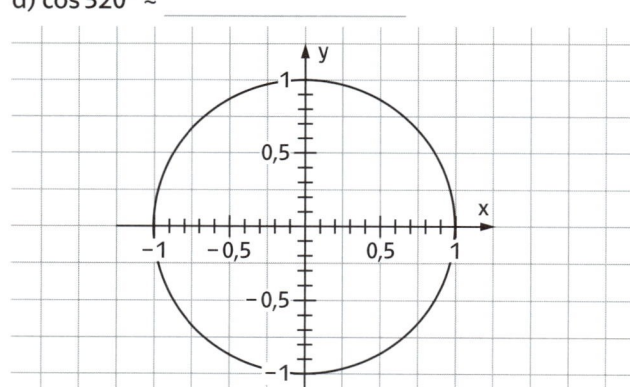

2 Bestimmen Sie zeichnerisch alle Winkel α zwischen 0° und 360°, für die gilt:

a) $\sin \alpha = 0,7$ $\alpha_1 \approx$ ___44°___ ;

$\alpha_2 \approx$ _____

b) $\sin \alpha = -0,4$ $\alpha_1 \approx$ _____ ;

$\alpha_2 \approx$ _____

c) $\cos \alpha = 0,4$ $\alpha_1 \approx$ _____ ;

$\alpha_2 \approx$ _____

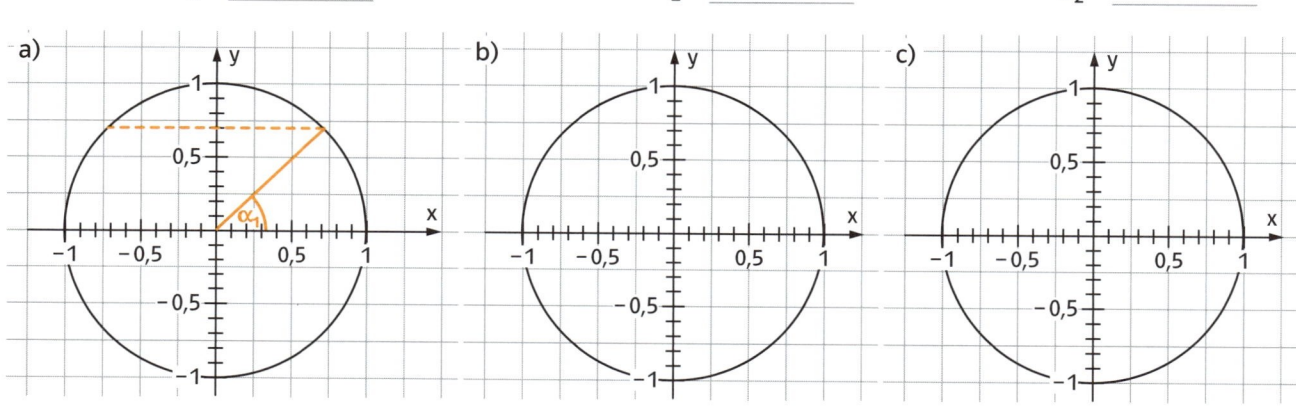

3 Füllen Sie die Lücken mit den passenden Werten der Kärtchen.

a) $\sin 140° = \sin$ _____ $= \cos$ _____ $= \cos$ _____

b) $\sin 10° = \sin$ _____ $= \cos$ _____ $= \cos$ _____

c) $\sin$ _____ $= \sin$ _____ $= \cos 120° = \cos$ _____

 50°

240°

 130° 40° 70°

170° 80° 310°

250° 280°

330° 210°

1 Füllen Sie mithilfe der Symmetrieeigenschaften der Sinus- und Kosinusfunktion die Lücken so aus, dass auf beiden Seiten der Gleichung verschiedene Terme stehen.

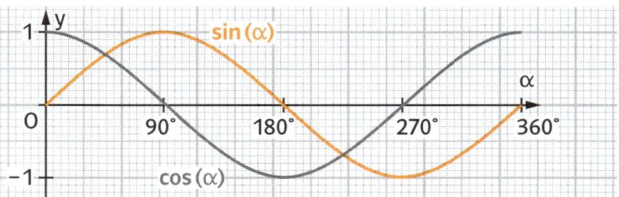

Für alle $0° < \alpha < 90°$ gilt

a) $\sin(\alpha) = \sin(180° - \underline{\hspace{2cm}})$

b) $\cos(\alpha) = \cos(\underline{\hspace{2cm}} - \alpha)$

c) $\sin(90° + \alpha) = \sin(\underline{\hspace{1.5cm}})$

d) $\cos(90° + \alpha) = -\cos(\underline{\hspace{1.5cm}})$

e) $\sin(180° + \alpha) = \underline{\hspace{3cm}}$

f) $\cos(180° + \alpha) = \underline{\hspace{3cm}}$

2 Füllen Sie die Tabelle mit exakten Werten aus.

α	0°	30°	45°	60°	90°	135°	180°	270°	360°
$\sin(\alpha)$									
$\cos(\alpha)$									

3 Kreuzen Sie an, welche Aussagen auf die Sinusfunktion zutreffen und welche auf die Kosinusfunktion.

Aussage		Sinusfunktion	Kosinusfunktion
a)	Der Funktionswert ist −1 bei $\alpha = 270°$.	○	○
b)	Die Funktion nimmt keine Werte kleiner als −1 an.	○	○
c)	Im Intervall $[0°; 180°]$ sind die Funktionswerte positiv.	○	○
d)	Im Intervall $[0°; 360°]$ liegen alle Funktionswerte zwischen −2 und 2.	○	○
e)	Der Funktionswert an der Stelle $\alpha = 180°$ ist 1.	○	○
f)	Der Funktionswert ist −1 bei $\alpha = 180°$.	○	○
g)	Die Funktion hat an der Stelle $\alpha = 90°$ denselben Wert wie an der Stelle $\alpha = 270°$.	○	○
h)	Der Graph der Funktion verläuft für $\alpha \in [0°; 180°]$ oberhalb der x-Achse.	○	○

4 Zu jeder Karte in der ersten Zeile passt jeweils eine Karte in der zweiten und der dritten Zeile. Verbinden Sie sie.

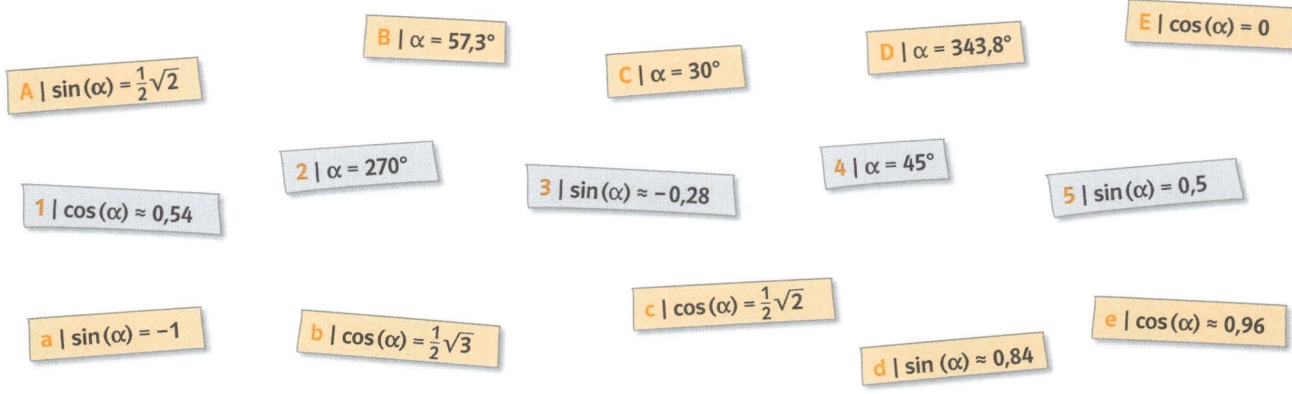

1 In der Tabelle findet man die Anzahl der Touristen in Millionen für verschiedene Regionen.

a) Berechnen Sie die fehlenden Werte in der Tabelle.

b) Tragen Sie die Wachstumsrate in % und als Dezimalzahl in die Karte ein.

	Europa	Asien/Pazifik	Amerika	Afrika	Mittlerer Osten
2014	588,4	263,0	180,6	56,0	50,3
2010	484,4	205,1	150,6	49,9	58,2
absolute Zu-/Abnahme	+ 104,0				
Wachstumsfaktor	1,2147				

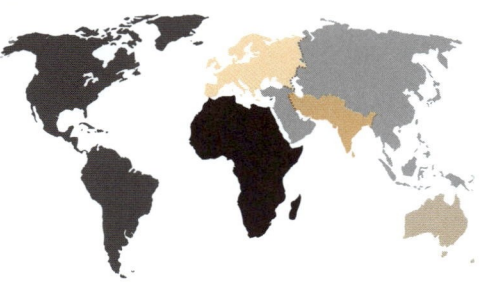

2 Färben Sie die vier zusammengehörenden Kärtchen in einer Farbe und füllen Sie die Lücken.

(A) Der Umsatz von 12 Millionen hat um 2 % zugenommen.

Der Wachstumsfaktor beträgt _____ .

Die alte Größe erhält man, wenn man _____ durch _____ .

Der alte Wert betrug _____ .

(B) Die Produktion hat sich um 2 % auf 12 Millionen Stück verringert.

Der Wachstumsfaktor beträgt _____ .

Die alte Größe erhält man, indem man _____ durch 0,98 dividiert.

Der neue Umsatz beträgt _____ .

(C) Der Wert ist um das 1,02-Fache auf 12,24 Millionen gestiegen.

Der Wachstumsfaktor beträgt 1,02 .

Die neue Größe erhält man, indem man _____ mit 1,02 multipliziert.

Die Produktion lag vorher bei _____ Stück.

3 Klaus hat anhand von alten und neuen Größen die Wachstumsraten und -faktoren berechnet.
An einigen Stellen hat er sich verrechnet. Streichen Sie falsche Rechnungen durch und berichtigen Sie sie.

	alte Größe	neue Größe	Zu-/Abnahme	Wachstumsrate	Wachstumsfaktor
a)	1200	1500	+300	25 % = 2,5	1 + 2,5 = 3,5
b)	900	873	27	3 % = 0,03	1 − 0,03 = 0,97
c)	45	63	−13,5	40 % = 0,40	1 − 0,4 = 0,60

4 In Zeitungsartikeln findet man oft auch Angaben über Wachstum. Die dort angegebenen Prozentzahlen
sind nicht immer die Wachstumsraten. Beantworten Sie die Fragen zu den Meldungen.

a)

Im Jahr 2007 wurden rund 437 000 t Butter in Deutschland produziert, 2008 waren es rund 465 000 t.

p % = _____

q = _____

Wie viele Tonnen Butter wurden mehr produziert?

_____

b)

Ein großer Computerhersteller hat 2009 im zweiten Quartal 2 220 000 Computer ausgeliefert. Das sind 3 % weniger als im entsprechenden Vorjahresquartal.

p % = _____

q = _____

Wie viele Computer wurden im zweiten Quartal 2008 ausgeliefert?

_____

c)

Der Tschadsee, das größte Süßwasserreservoir Afrikas, ist in den vergangenen 40 Jahren auf 10 % (2500 km² im Jahr 2009) seiner Fläche geschrumpft.

p % = _____

q = _____

Wie groß war die Seefläche vor vier Jahrzehnten?

_____

1 Im Jahr 1990 hatte China 1,149 Milliarden Einwohner, 1991 waren es rund 1,164 Milliarden.

a) Bestimmen Sie die Wachstumsrate (p %) und den Wachstumsfaktor (q).

p %: _____

q (vier Nachkommastellen): _____

b) Prognostizieren Sie die Anzahl der Einwohner (vier Nachkommastellen).

1995: _1,149 Milliarden · 1,0131^5_   2000: _____   2005: _____

≈ _____   ≈ _____   ≈ _____

c) Tatsächlich betrugen die Einwohnerzahlen (alle in Milliarden) 1,213 (1995); 1,269 (2000) und 1,312 (2005). Bestimmen Sie die Wachstumsraten und -faktoren für ein fünfjähriges Wachstum mit den realen Daten.

	1990 bis 1995	1995 bis 2000	2000 bis 2005
p %			
q			

d) Was fällt Ihnen an den jetzt berechneten Wachstumsraten auf?

_____

_____

2 In einer Essensprobe befinden sich 400 Bakterien, deren Anzahl sich alle 30 Minuten verdoppelt.

a) Tragen Sie die berechnete Anzahl der Bakterien in die Spalte Bakterienzahl ein sowie in die Spalte n die Anzahl der _____.

b) Will man die Gleichung der Exponentialfunktion aufstellen, so muss man beachten, dass für das Verdoppeln jeweils 30 Minuten benötigt werden. Tragen Sie Ihre Rechnungen, ausgehend von dem Grundwert 400, in die Tabelle ein.

c) Nach _____ Minuten sind 204 800 Bakterien vorhanden.

d) Berechnen Sie die Anzahl der Bakterien vor der Probenentnahme mithilfe der Gleichung.

30 min vorher: _____   60 min vorher: _____   90 min vorher: _____   120 min vorher: _____

Minuten	Bakterienzahl	n	Rechnung
0	400	0	$400 \cdot 2^0$
30			
60			
90			
120			
150			
180			
390			

3 Ein Kapital von 5000 € wird zu 4,25 % für 30 Jahre fest angelegt.

a) Bestimmen Sie Wachstumsrate, Wachstumsfaktor und Endkapital.

_____

_____

b) Zeichnen Sie den Graphen der Kapitalentwicklung für die Anlage.

c) Nach wie vielen Jahren hat sich das Kapital verdoppelt?

Kapital in €

20 000
16 000
12 000
8000
4000

0   5   10   15   20   25   30   Zeit in Jahren

1 Ein Fußball fällt aus 2 m Höhe auf den Boden. Nach dem ersten Aufprall erreicht er eine Höhe von 145 cm. Nehmen Sie exponentielle Abnahme an.

a) Berechnen Sie die erreichten Höhen des n-ten Aufpralls.

Aufprall	0	1	2	3	4	5	6	7	8
Höhe in m	2	1,45							

b) Bestimmen Sie den Funktionsterm: W_n = _____

c) Ab dem _____ Aufprall erreicht der Ball die Höhe von 1 m nicht mehr.

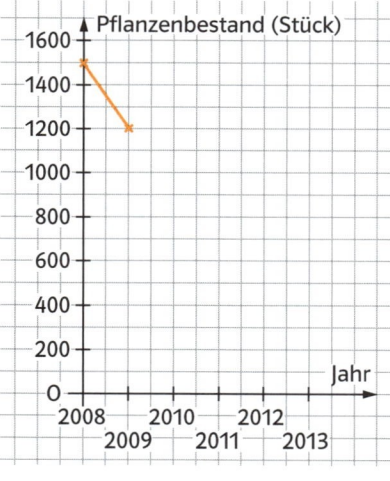

2 Koffein ist in einigen Getränken enthalten. Bei Jugendlichen setzt die Wirkung von Koffein nach ungefähr einer Stunde ein. Danach nimmt der Koffeingehalt im Blut mit einer Halbwertszeit von

drei Stunden ab. Das heißt, nach _____ Stunden ist nur noch halb so viel Koffein im Blut.

a) Gehen Sie von dem Genuss von je 0,5 l Getränk aus. Berechnen Sie zunächst, wie viel Koffein aufgenommen wird, und füllen Sie dann die Tabelle aus.

b) Wann wird der Wert von 5 mg Koffein im Blut erreicht oder unterschritten?

Cola: _____

Cola light: _____

Energy: _____

Koffeingehalt, z.B. von
Cola: 10 mg pro 100 ml
Cola light: 20% mehr als Cola
Energy: 32 mg pro 100 ml

	Koffeingehalt im Blut in mg		
Zeit	Cola	Cola light	Energy
0 h			
1 h			
4 h			
7 h			
10 h			

3 Zwei unterschiedliche Flüssigkeiten werden abgekühlt. Die erste Flüssigkeit hat eine Ausgangstemperatur von 80 °C, die zweite Flüssigkeit ist anfangs 100 °C heiß. Nach fünf Minuten ist die erste Flüssigkeit noch 72 °C, die zweite 70 °C warm. Die Temperaturabnahme erfolgt exponentiell.

a) Welche Temperatur haben beide Flüssigkeiten nach zehn und nach 15 Minuten? Tragen Sie in die Tabelle ein.

b) Nach _____ Minuten hat die erste eine Temperatur unter 50 °C,

nach _____ Minuten die zweite Flüssigkeit.

Zeit in min	Flüssigkeit A	Flüssigkeit B
0		
5		
10		
15		
...		

4 Wissenschaftler beobachten den Bestand einer seltenen Pflanze im Urwald. Im Jahr 2008 gab es noch 1500 Exemplare der Pflanze. Ein Jahr später hat sich die Anzahl um 20 % verringert.

a) Nehmen Sie lineares Wachstum an. Wie viele Pflanzen werden dann

2010 (2011) gezählt? _____ (_____) Zeichnen Sie die Punkte ein.

Geben Sie die Gleichung an. _____

b) Gehen Sie nun von einer exponentiellen Abnahme aus. Dann werden

2010 (2011) nur noch _____ (_____) Pflanzen gezählt. Gleichung:

_____ . Zeichnen Sie auch diese Funktion in die Grafik.

c) Bei linearem Wachstum wird sich der Bestand nach _____ Jahren,

bei exponentieller Abnahme nach _____ Jahren halbiert haben.

1 Zeichnen Sie die Graphen $f(x) = 10^x$; $g(x) = 10^{-x}$; $h(x) = 2^x$ und $i(x) = 2^{-x}$.
Durch Zwischenwerte können Sie noch genauer zeichnen.

x	−3	−2	−1	0	1	2	3
f(x)				1			
g(x)							
h(x)			0,5				
i(x)		4					

Was stellen Sie fest? _____

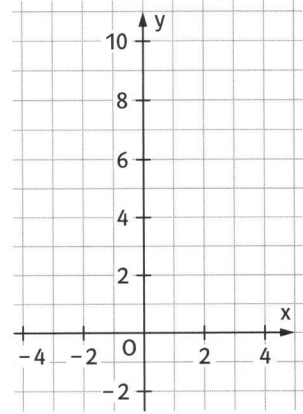

2 Die Exponentialfunktion $f(x) = a^x$ soll durch den angegebenen
Punkt gehen. Ordnen Sie richtig zu und geben Sie den Buchstaben des
passenden Graphen bei der Funktionsgleichung an.

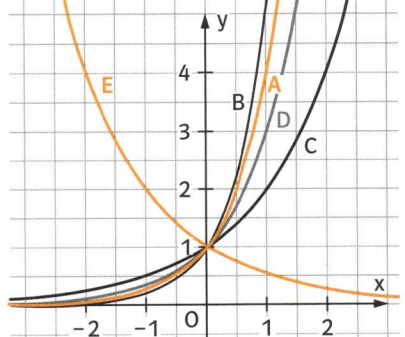

$0,25 = a^2$ $P(2\,|\,0,25)$ $16 = a^2$ $Q(2\,|\,16)$ $f(x) = 2^x\ |$

$f(x) = 4^x\ |$ $27 = a^3$ $f(x) = 5^x\ |$ $R(4\,|\,16)$

$125 = a^3$ $16 = a^4$ $f(x) = 3^x\ |$ $S(3\,|\,27)$ $f(x) = 0,5^x\ |$ $T(3\,|\,125)$

3 Die Exponentialfunktion hat die Form $f(x) = c \cdot a^x$. Bestimmen Sie den Funktionsterm
und berechnen Sie die fehlenden Werte. Runden Sie auf drei Nachkommastellen. Notieren Sie dann
den Buchstaben des entsprechenden Graphen. [T1]

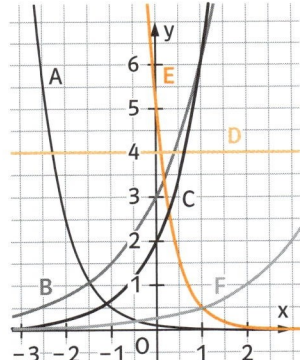

Graph	Term	x					
		−3	−1	0	0,5	1	2
B	$f(x) = 3 \cdot \boxed{}^x$	0,375				6	12
	$f(x) = \boxed{} \cdot \boxed{}^x$					6	18
	$f(x) = \boxed{} \cdot \boxed{}^x$					0,5	1
	$f(x) = \boxed{} \cdot \boxed{}^x$					4	4
	$f(x) = \boxed{} \cdot \boxed{}^x$	12,5	0,5				
	$f(x) = \boxed{} \cdot \boxed{}^x$	5000	50				

4 Kreuzen Sie die Aussagen an, die für $f(x) = c \cdot a^x$ zutreffen.
Die Lösungssilben ergeben ein Lösungswort:

_____

Term	Aussage	w	Lösungssilben
$f(x) = 4 \cdot 1,1^x$	Der Graph steigt, da $a = 1,1 > 1$ ist.	○	UN
$f(x) = 4 \cdot 1,1^x$	Der Graph steigt, da $c = 4 > 1$ ist.	○	KLET
$f(x) = 4 \cdot 1,1^x$	Der Schnittpunkt mit der y-Achse ist $S(0\,|\,4)$.	○	TER
$f(x) = 4 \cdot 1,1^x$	Der Schnittpunkt mit der y-Achse ist $S(0\,|\,1,1)$.	○	GAR
$f(x) = 0,1 \cdot 0,2^x$	Der Graph steigt, da $a = 0,2 > 0$ ist.	○	TEN
$f(x) = 0,1 \cdot 0,2^x$	Der Graph fällt, da $a = 0,2 < 1$ ist.	○	TAS
$f(x) = 0,1 \cdot 0,2^x$	Der Schnittpunkt mit der y-Achse ist $S(0\,|\,0,2)$.	○	TERAS
$f(x) = 0,1 \cdot 0,2^x$	Der Graph geht durch die Punkte $(0\,|\,0,1)$ und $(2\,|\,0,004)$.	○	SEN
$f(x) = 0,1 \cdot 0,2^x$	Der Graph schneidet im Punkt $(100\,000\,|\,0)$ die x-Achse.	○	WEG

[T1] Betrachten Sie die Schnittstellen mit der y-Achse und beachten Sie, dass $c \cdot a^0 = c$ ist.

1 In den Urnen befinden sich weiße Kugeln. Zeichnen Sie zusätzlich schwarze und rote Kugeln in passender Anzahl in die Urnen, sodass

a) die Wahrscheinlichkeit, eine weiße Kugel zu ziehen 40 % beträgt (Urne A).

b) eine weiße oder schwarze Kugel mit einer Wahrscheinlichkeit von 75 % gezogen wird (Urne B).

c) die Wahrscheinlichkeit, eine weiße Kugel zu ziehen 20 % beträgt und die Wahrscheinlichkeit, keine schwarze Kugel zu ziehen 100 % beträgt (Urne C).

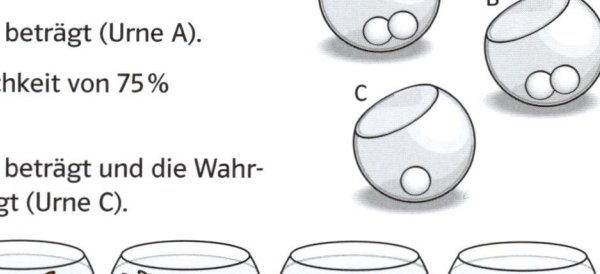

2 Aus einem Aquarium wird ein zufällig gefangener Fisch verkauft. Bestimmen Sie für jedes Aquarium die Wahrscheinlichkeit der Ereignisse, tragen Sie sie in Bruchschreibweise in die Tabelle ein.

10 % / 25 % / 15 % / 50 %

einen grauen Fisch erhalten				
einen schwarzen oder weißen Fisch erhalten				
einen orangen oder grauen Fisch erhalten				
keinen schwarzen Fisch erhalten				

3 a) Notieren Sie Steigung, y-Achsenabschnitt und Funktionsgleichung der dargestellten Schaubilder.

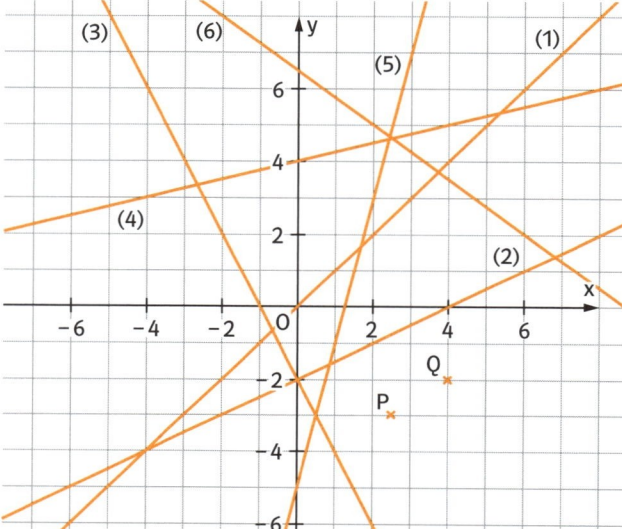

(1) m = _____ b = _____ y = _____

(2) m = _____ b = _____ y = _____

(3) m = _____ b = _____ y = _____

(4) m = _____ b = _____ y = _____

(5) m = _____ b = _____ y = _____

(6) m = _____ b = _____ y = _____

b) Wie lautet die Gleichung der linearen Funktion, die durch $P(2,5 \,|\, -3)$ und $Q(4 \,|\, -2)$ geht? Berechnen und kontrollieren Sie mithilfe einer Zeichnung.

(7) m = _____ b = _____ y = _____

c) Das Dreieck, das die Geraden (1) und (2) mit der y-Achse bilden, hat einen Flächeninhalt von _____ FE.

4 a) Zeichnen Sie die Schaubilder der Parabeln in unterschiedlichen Farben in das Koordinatensystem.

(1) $y = -x^2 + 2$ (2) $y = \frac{1}{4}x^2$

(3) $y = (x - 0,5)^2 - 2,5$ (4) $y = -(x + 2)^2 + 3$

b) Füllen Sie die Tabelle aus.

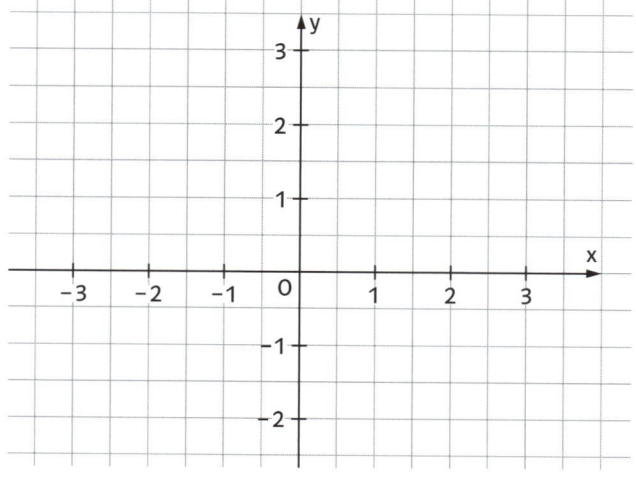

Parabel	Scheitel	Öffnung	Form
(1)	(0 | 3)	nach unten	wie NP
(2)			
(3)			
(4)			

5 a) Zeichnen Sie die Schaubilder der Funktionen in verschiedenen Farben in das Kordinatensystem ein.

(1) $y = \frac{1}{5}x - \frac{3}{2}$ (2) $y = -3x - 2$

(3) $y = -\frac{3}{4}x + 2$ (4) $y = -\frac{4}{3}x + 2$

b) Eine weitere Gerade mit der Steigung $m = 2{,}5$ verläuft durch den Punkt $(2\,|\,2{,}5)$. Zeichnen Sie ihr Schaubild. Bestimmen Sie ihre Funktionsgleichung.

(5) $y =$ _____

_____

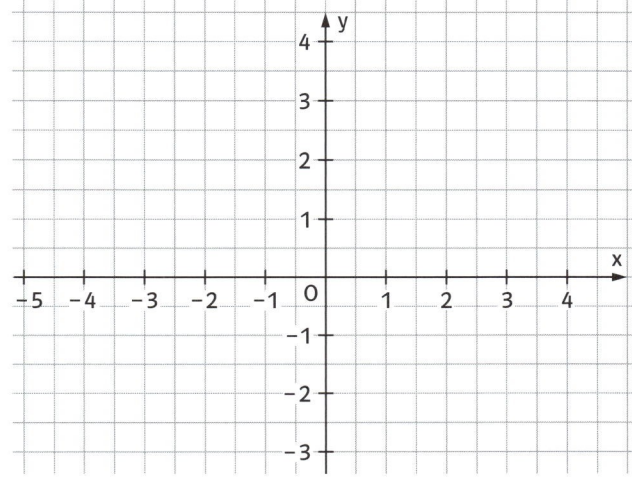

6 Wie lauten die Funktionsgleichungen der abgebildeten Parabeln? Sind nur zwei Punkte angegeben, durch die die Normalparabel geht, bestimmen Sie die Scheitelpunktform. Überprüfen Sie anhand einer Skizze.

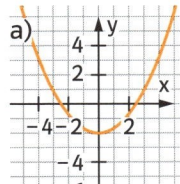 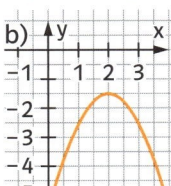 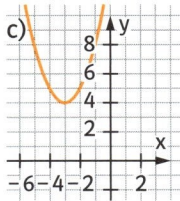 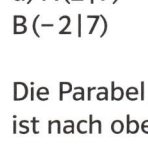

d) $A(2\,|\,7)$ e) $P(2\,|-1)$ f) $N_1(-3\,|\,0)$
  $B(-2\,|\,7)$ $Q(7\,|\,4)$ $N_2(-1\,|\,0)$

Die Parabel ist nach oben geöffnet.

Die Parabel ist nach oben geöffnet.

Die Parabel ist nach unten geöffnet.

a) $y =$ _____ b) $y =$ _____ c) $y =$ _____ d) $y =$ _____ e) $y =$ _____ f) $y =$ _____

7 Von einem Dreieck sind gegeben: $c = 7{,}2\,\text{cm}$; $\alpha = 39{,}0°$ und $\beta = 81{,}0°$. Zur Berechnung sind drei Zerlegungsvorschläge abgebildet. Kann man so die fehlenden Winkel und Seiten berechnen? Wenn nein, begründen Sie, wenn ja, berechnen Sie sie.

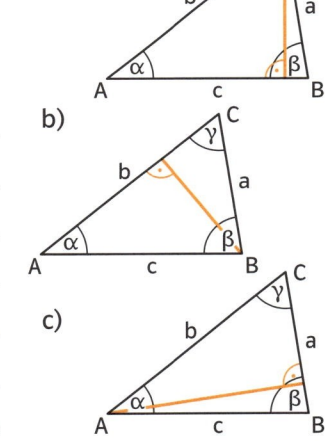

_____

_____

_____

_____

_____

Wenn nur _____ Seite eines Dreiecks gegeben ist, sollte diese nicht _____

werden, da sonst für die Berechnung nötige Informationen _____ gehen.

8 Bei einem Dreieck sind $\alpha = 25{,}4°$ und $b = 6{,}8\,\text{cm}$ bekannt. Der Flächeninhalt des Teildreiecks AEC ist dreimal so groß wie der des Teildreiecks EBC. Berechnen Sie Umfang und Flächeninhalt des Dreiecks ABC.

a) Benennen Sie alle Größen des Dreiecks.

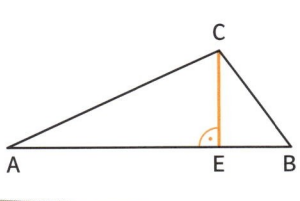

b) Nummerieren Sie die Kärtchen in der Reihenfolge, in der Sie die Formeln und Sätze verwenden und schreiben Sie die Teilergebnisse auf die Kärtchen.

| Flächeninhalt berechnen |

| Zusammenhang nutzen | | Flächeninhalte addieren | | Umfang berechnen |

| Satz des Pythagoras |

| Flächeninhalt berechnen | | Trigonometrische Funktion | | Satz des Pythagoras |

9 Füllen Sie die Lücken. [T1]

a) $(x + \underline{})^2 = \underline{} + 16x + 64$

b) $(3x - \underline{})^2 = \underline{} - \underline{} + 144$

c) $(\underline{} + 5x)^2 = 36y^2 + \underline{} + \underline{}$

d) $\underline{} + 18a + \underline{} = (\underline{} + a)^2$

e) $(3x - \underline{})^2 = \underline{} - 24x + \underline{}$

f) $\underline{} + 8x + \underline{} = (\underline{} + 8x)^2$

g) $(\underline{} + \underline{})^2 = 4x^2 + \underline{} + 64$

h) $(\underline{} + \underline{})^2 = \underline{} + 30x + 25x^2$

i) $z^2 - 28z + \underline{} = (\underline{} - \underline{})^2$

10 a) Lösen Sie die quadratische Gleichung mit beiden Verfahren.

quadratische Ergänzung [T2]

$x^2 + 8x - 9 = 0 \mid +9$

$\underline{} = \underline{} \mid +\left(\frac{8}{2}\right)^2$

$\underline{} = \underline{}$

$(x + \underline{})^2 = \underline{}$

$x + \underline{} = \underline{} \mid - \underline{}$

$x_1 = \underline{} \; ; \; x_2 = \underline{}$

p-q-Formel [T3]

$x^2 + 8x - 9 = 0$

$p = \underline{} \; ; \; q = \underline{}$

$x_{1,2} = \underline{} \pm \sqrt{\underline{}}$

$x_{1,2} = \underline{}$

$x_{1,2} = \underline{}$

$x_1 = \underline{} \; ; \; x_2 = \underline{}$

Probe (für x_1 und x_2)

$(\underline{})^2 + 8 \cdot \underline{} - 9 = 0$

$\underline{} = 0$

$\underline{} = 0$

$(\underline{})^2 + 8 \cdot (-\underline{}) - 9 = 0$

$\underline{} = 0$

$\underline{} = 0$

b) Gleichung (links), eine Umformung (Mitte) und ein oder zwei Lösungskärtchen (rechts) gehören zusammen. Färben Sie die Kärtchen in der gleichen Farbe. Notieren Sie die Zwischenschritte auf einem Extrablatt.

$x^2 - 4x - 21 = 0$

$x^2 + 8x = 9$

$x^2 - 12x = -45$

$x^2 - 6x + 8,75 = 0$

$x^2 + 18x = -32$

$x^2 + 3x + 2,25 = 0$

$x_{1,2} = -1,5 \pm \sqrt{1,5^2 - 2,25}$

$(x + 4)^2 = 25$

$x_{1,2} = 3 \pm \sqrt{3^2 - 8,75}$

$(x + 9)^2 = 49$

$x_{1,2} = 2 \pm \sqrt{(-2)^2 + 21}$

$(x - 6)^2 = -9$

$x_2 = -16$ $\quad$ $x_1 = -2$

$L = \{ \}$

$x_1 = -1,5$

$x_2 = 2,5$ $\quad$ $x_1 = 3,5$

$x_1 = 1$

$x_1 = 7$ $\quad$ $x_2 = -9$

$x_2 = -3$

11 Lösen Sie die Klammern auf, stellen Sie eine Quadratische Gleichung auf und lösen Sie sie. Notieren Sie auf den Kärtchen den Buchstaben der Teilaufgabe, zu der sie gehören.

a) $3(-x - 1) + (x + 1)(-2x - 1) = 8 - 6x$

b) $(2x - 3)^2 - (4x + 7) = 4x - 2(3x^2 - 1)$

c) $5(1 + x)^2 = 2x(x - 10) - 4 - 3(4x - 3)$

d) $(4x + 3)^2 - 6(x + 9) = (5x - 2)^2 - (3x - 7)^2$

e) $(6 + x)^2 - (-2x + 1)(-1 - x) + 2x^2 = -5x - 2$

f) $3(x - 1)^2 + 9 = 4(x - 3)(x + 3) - 4x(x - 6)$

g) $2(8x - 11) - (7x - 6)(5x - 2) = -(6x - 5)^2$

h) $3(x - 4)^2 - (x - 5)(5 + x) = 4 - (x - 6)^2$

$\mid x_1 = 7; \; x_2 = 5$

$\mid x^2 - 12x + 35 = 0$

$\mid x^2 = -6$

$\mid x_1 = 2; \; x_2 = 0$

$\mid x_1 = -3; \; x_2 = -13$

$\mid x^2 - 10x + 16 = 0$

$\mid x = 0$

$\mid x^2 = 9$

$\mid x_1 = 0; \; x_2 = -14$

$\mid L = \{ \}$

$\mid 4x = 0$

$\mid x^2 - 2x = 0$

$\mid x_1 = 8; \; x_2 = 2$

$\mid x^2 + 14x = 0$

$\mid x_1 = 3; \; x_2 = -3$

$\mid x^2 + 16x + 39 = 0$

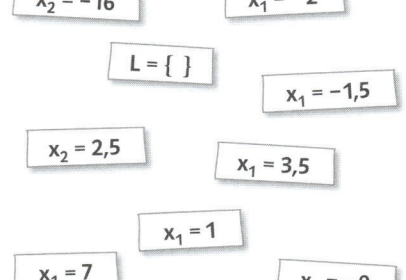

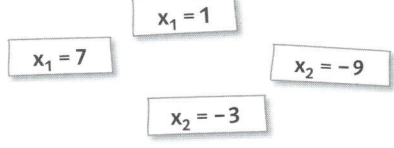

[T3] Lösungsformel:

$x_{1,2} = -\frac{p}{2} \pm \sqrt{\left(\frac{p}{2}\right)^2 - q}$

[T2] quadratische Ergänzung:

$x^2 + px + q = 0 \quad \mid -q$

$x^2 + px = -q \quad \mid +\left(\frac{p}{2}\right)^2$

[T1] 1. binomische Formel:
$(a + b)^2 = a^2 + 2ab + b^2$
2. binomische Formel:
$(a - b)^2 = a^2 - 2ab + b^2$

12 Beim abgebildeten Glücksrad sind alle Felder gleich wahrscheinlich.

a) Bestimmen Sie die Wahrscheinlichkeit, wenn man das Glücksrad einmal dreht:

P(2) = _____ P(3) = _____ P(4) = _____ P(5) = _____ P(7) = _____

b) Nun wird das Glücksrad zweimal gedreht. Die Wahrscheinlichkeit, als Summe

die Zahl 12 zu erhalten beträgt P(12) = _____ .

13 In einer Box befinden sich nebenstehende Kärtchen. Bestimmen Sie die Wahrscheinlichkeit,

a) ein graues Kärtchen zu ziehen. Markieren Sie die zum Ereignis gehörenden

Kärtchen mit einem Kreuz. P(graues Kärtchen) = _____

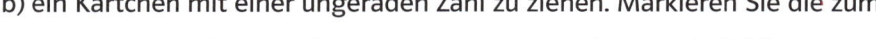

b) ein Kärtchen mit einer ungeraden Zahl zu ziehen. Markieren Sie die zum

Ereignis gehörenden Kärtchen mit einem Kreis. P(ungerade Zahl) = _____

c) ein graues Kärtchen oder ein Kärtchen mit einer ungeraden Zahl zu ziehen.

P(graues Kärtchen oder ungerade Zahl) = _____ + _____ − _____ . Man muss von der Summe der beiden

Einzelwahrscheinlichkeiten noch _____ abziehen, da man _____ Kärtchen doppelt gezählt hat.

14 Ordnen Sie jeder Aufgabe (A) einen Lösungshinweis (L) zu. Ein Hinweis wird mehrfach verwendet.

| A1 Schnittpunkt(e) zweier Parabeln berechnen | A2 Schnittpunkt zwischen Parabel und Gerade berechnen | A3 Schnittpunkt zweier Geraden berechnen | A4 Zwei Geraden sind parallel zueinander | A5 Nullstellen einer Funktion bestimmen |

L1 Funktionsgleichungen gleichsetzen

L2 Koordinaten des Punkts in Funktionsgleichung einsetzen

L3 Punkte in Funktion einsetzen; lineares Gleichungssystem lösen

L4 Funktionsterm gleich null setzen

L5 Satz des Pythagoras im Koordinatensystem anwenden

L6 $x = 0$ in die Funktionsgleichung einsetzen

L7 $m_1 = m_2$ (gleiche Steigung)

L8 quadratische Ergänzung

A6 Schnittpunkt einer Funktion mit der y-Achse bestimmen

A7 Abstand zweier Punkte berechnen

A8 Normalform einer Parabel in die Scheitelpunktform umwandeln

A9 Funktion aus einem Punkt und unvollständiger Funktionsgleichung bestimmen

A10 Funktionsgleichung aus zwei Punkten bestimmen

15 Jeweils vier Kärtchen gehören zusammen. Bezeichnen Sie zueinander gehörende Kärtchen mit dem gleichen Buchstaben. Zwei Kärtchen bleiben übrig.

a)

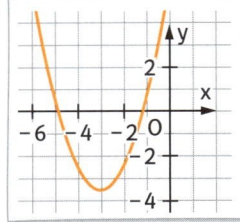

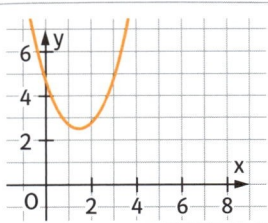

c)

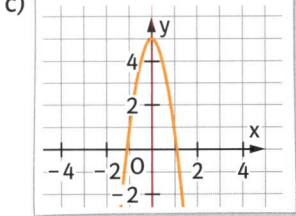

d)

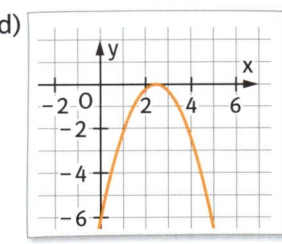

Wertetabelle A zu

x	−2	−1	0	1	2
y	−20,25	−12,25	−6,25	−2,25	−0,25

$y = -4x^2 + 5$

Wertetabelle B zu

x	−2	−1	0	1	2
y	−11	1	5	1	−11

$y = -(x - 2{,}5)^2$

Wertetabelle C zu

x	−3	−2	−1	0	1	2	3
y	−3,5	−2,5	0,5	5,5	12,5	21,5	32,5

$y = x^2 + 3x + 4{,}75$

Wertetabelle D zu

x	−2	−1	0	1	2
y	14,75	8,75	4,75	2,75	2,75

$y = (x + 3)^2 - 3{,}5$

nach oben geöffnet und nur ein Achsenschnittpunkt

$y = -\frac{1}{4}x^2 + 5$

um 3 LE nach links und 3,5 LE nach unten verschobene Normalparabel

nach unten geöffnet und N(2,5|0) als einzige Nullstelle

$y = x^2 - 3x + 4{,}75$

nach unten geöffnet und schmaler als eine Normalparabel

Die Seitenangaben verweisen auf die Lerneinheit.